机电类技师鉴定培训教材

公共基础知识

机电类技师鉴定培训教材编审委员会组织编写

主　编　李世和

参　编　许顺生　谢中南　吴茂林　施　斌

机械工业出版社

本书是依据人力资源和社会保障部制定的机械行业各工种的《国家职业标准》中对技师人才共同的知识要求编写的。本书的内容包括职业道德、职业培训、施工现场管理、现代管理、高新技术和新材料。每章末有复习思考题，书末附有与之配套的试题库和答案，以便于培训、考核和读者应试准备之用。

本教材即适合各级职业技能鉴定培训机构、职业培训部门、技师学院作为技师鉴定的考前培训教材，又可作为读者考前复习和自测使用的复习用书，也可供职业技能鉴定部门在技师鉴定命题时参考。

图书在版编目（CIP）数据

公共基础知识/李世和主编．—北京：机械工业出版社，2010.8
机电类技师鉴定培训教材
ISBN 978-7-111-31640-4

Ⅰ.①公… Ⅱ.①李… Ⅲ.①机电工程-职业技能鉴定-教材 Ⅳ.①TH

中国版本图书馆 CIP 数据核字（2010）第 162889 号

机械工业出版社（北京市百万庄大街 22 号 邮政编码 100037）
策划编辑：荆宏智 邓振飞 责任编辑：许文超 周璐婷
版式设计：霍永明 责任校对：姚培新
封面设计：王伟光 责任印制：杨 曦
北京京丰印刷厂印刷
2010 年 9 月第 1 版 · 第 1 次印刷
184mm × 260mm · 8.5 印张 · 207 千字
0 001—3 000 册
标准书号：ISBN 978-7-111-31640-4
定价：22.00 元

凡购本书，如有缺页、倒页、脱页，由本社发行部调换

电话服务
社服务中心：（010）88361066
销 售 一 部：（010）68326294
销 售 二 部：（010）88379649
读者服务部：（010）68993821

网络服务
门户网：http：//www.cmpbook.com
教材网：http：//www.cmpedu.com

封面无防伪标均为盗版

机电类技师鉴定培训教材

编审委员会

《公共基础知识》编审人员

主　编　李世和

参　编　许顺生　谢中南　吴茂林　施　斌

序

技师是技术工人队伍中的高技能人才，是我国人才队伍的重要组成部分，是各行各业产业大军的核心骨干，在加快产业优化升级、提高企业竞争力、推动技术创新和科技成果转化等方面具有不可替代的重要作用。而随着我国逐渐成为“世界制造业中心”进程的加快，高技能人才的总量、结构和素质还不能适应经济社会发展的需要，特别是在制造、加工等传统产业领域，高技能人才严重短缺，已成为制约经济社会持续发展和阻碍产业升级的“瓶颈”，企业迫切需要掌握真才实学的高技能人才。

为此，中共中央办公厅、国务院办公厅发布了《关于进一步加强高技能人才工作的意见》，提出高技能人才工作的目标任务是，加快培养一大批数量充足、结构合理、素质优良的技术技能型、复合技能型和知识技能型高技能人才，逐步形成与经济社会发展相适应的高、中、初级技能劳动者比例结构基本合理的格局。到“十一五”期末，高级技工水平以上的高技能人才占技能劳动者的比例达到25%以上，其中技师、高级技师占技能劳动者的比例达到5%以上，并带动中、初级技能劳动者队伍梯次发展。人力资源和社会保障部也相应提出了《新技师培养带动计划》，计划在完成“三年五十万”新技师培养计划的基础上，力争“十一五”期间在全国培养新技师和高级技师190万名。

大力加强高技能人才的培养工作，除需要加强高技能人才培养模式的研究和师资队伍建设外，还需要开发出有技师培养特色的实用教材。但由于技师培养模式多样，教材编写难度大，因此市面上这样的教材实在难寻。

为更好地为行业服务，满足行业技师鉴定培训的需要，我们经过充分调研，决定对我们2001年组织出版的国内机械行业首套技师培训教材《机械工业技师考评培训教材》进行重新编写，并定名为《机电类技师鉴定培训教材》。

原来的《机械工业技师考评培训教材》是为配合技师评聘工作的开展，满足机械行业对工人技师培训和考评的需要，在没有《国家职业标准》的情况下，根据到各地调研了解的需求情况，为填补市场空白而编写的。教材出版后，以其独树一帜、适应需求、内容实用、针对性强等特点，受到全国各级技师培训、鉴定部门的欢迎，在市面上没有其他版本技师培训教材的情况下，成为各级技师培训、鉴定部门的一致选择，许多地方均是采用这套教材作为技师培训和鉴定用教材，此套教材也因此成为技师培训和鉴定的品牌教材。

新版《机电类技师鉴定培训教材》按人力资源和社会保障部颁布的《国家职业标准》中对技师的要求，根据各地技能鉴定部门、企业、学校对技师能力的要求和培训、培养模式，采用模块化的形式进行编写，并在汲取首套技师培训教材精华的基础上，在以下几方面作了改进：

在模块设置上，除专业模块外，设置公共基础模块和专业基础模块。

公共基础模块包括《公共基础知识》、《技师论文写作·点评·答辩》，是本次新增模块。它是《国家职业标准》中对各工种技师的共同要求，适用于所有工种；内容包括：职业道德，职业培训指导，生产管理、质量管理、安全生产和通用的四新知识，以及技师论文写作、点评与答辩内容。

专业基础模块包括《机械制图与零件测绘》、《机械基础与现代制造技术》、《金属材料与加工工艺》和《电子与电子基础》四种。《机械制图与零件测绘》中删减了基础的内容，重点加入了测绘方面的内容。《机械基础与现代制造技术》中增加了液、气压故障诊断与排除，以及数控技术方面的内容。《金属材料与加工工艺》、《电工与电子基础》的内容也进行了相应的更新。

在工种选择上，增加了近几年需求量较大的数控车工、数控铣工、模具工，并按新的《国家职业标准》规范了部分工种的名称，需求量较小的工种本次暂不重编。新版教材共包括车工、铣工、钳工、机修钳工、模具工、汽车修理工、制冷设备维修工、铸造工、焊工、冷作钣金工、热处理工、涂装工、维修电工、电工、数控车工、数控铣工 16 个机电行业主要工种。

在编写依据上，基础课教材以人力资源和社会保障部最新颁布的《国家职业标准》相关工种技师知识要求中的通用部分为依据，专业工种教材则以该工种技师知识要求中的专用部分为依据，紧扣职业技能鉴定培训需要的原则编写。对没有国家职业标准，但社会需求量大且已单独培训和考核的职业，则以相关国家职业标准以及有关地方鉴定标准和要求为依据编写。

在内容安排上，每本教材仍包括两大部分内容：第一部分为培训教材；第二部分为试题库和答案。

教材部分按复习指导的性质编写，根据技师的定位，按相关工作内容和知识安排章、节，提炼应重点培训和复习的内容，同时对技能方面提出要求。每章的章首有培训目标，章末附有针对本章内容的复习思考题。全书重点加强了高难度生产加工，复杂设备的安装、调试和维修，技术质量难题的分析和解决，复杂工艺的编制，故障诊断与排除等几方面的内容。

书末附有本工种技师考核鉴定的试题库和答案，以及便于自检自测的模拟试卷。我们对原试题库中的经典内容进行了精选和保留，补充增加了最新的职业技能鉴定试题、全国及部分省市和行业的大赛试题，使得试题更具典型性、代表性、通用性和实用性。

综上所述，新版技师鉴定培训教材的特色如下：

汲取首套技师培训教材精华——保留了首套技师培训教材的经典内容，考虑了现阶段企业和市场的需要，更新了教材和题库内容，加强了论文写作和答辩内容。

依据国家职业标准要求编写——以《国家职业标准》中对技师的要求为依据，以便于以培训为前提，提炼重点培训和复习的内容，同时提出对技能方面的要求。

紧扣职业技能鉴定考核要求——按复习指导的性质编写，教材中的知识点紧扣《国家职业标准》和职业技能鉴定考核的要求，适合考前 2 ~3 个月短期培训使用。

包含教材题库答案模拟试卷——分公共基础、专业基础和专业模块。每部分培训目标、复习思考题、培训内容、试题库、答案齐全。

注重分析解决问题能力的提升——加强了高难度生产加工，复杂设备的安装、调试和维修，技术质量难题的分析和解决，复杂工艺的编制，故障诊断与排除等方面的内容。

新版教材在编写过程中力求突出“新”字，做到“知识新、工艺新、技术新、设备新、标准新”，使教材更具先进性，内容更加实用。全套教材既适合各级职业技能鉴定培训机构、企业培训部门作为技师鉴定的考前培训教材，又可作为读者考前复习和自测使用的复习用书，也可供职业技能鉴定部门在技师鉴定命题时参考。

在本套教材的调研、策划、编写过程中，曾经得到许多企业、鉴定培训机构有关领导、专家、工程技术人员、技师和高级技师的大力支持和帮助，在此表示衷心的感谢！

虽然我们在编写这套技师培训教材中尽了很大努力，但教材中难免存在不足之处，诚恳地希望专家和广大读者批评指正。

机电类技师鉴定培训教材编审委员会

前 言

中华人民共和国人力资源和社会保障部制定的机械行业各工种的《国家职业标准》中，对技师人才都有许多共同的要求，为了有利于培训、鉴定、考工和读者自学的需要，我们从职业标准中将共同的要求剥离出来单独编写成《公共基础知识》，以满足各级培训考工部门和广大读者的需要。

本教材较系统地讲述了对一名技师应有的职业道德、施工现场的管理、对低等级技工进行技术培训等基本要求。同时，为了适应技术不断进步的现状，增加了现代管理、新技术、新材料等方面的内容，从而使读者开拓眼界，扩大知识面，增强读者个人发展的后劲。本教材还编写了配套的试题库，试题做到重点突出、难易得当、覆盖面广，考工部门可以随意抽选题目组成试卷。考试内容以一、二、三章为主，第四至六章主要是扩大知识面，考试内容较少。

本书由李世和任主编，吴茂林、许顺生、谢中南、施斌任参编，全书由施斌审定。

由于时间仓促，本教材不足之处在所难免，欢迎广大读者提出宝贵意见和建议。

编 者

序
前言
第一章　职业道德 …… 1
第一节　职业道德的概念及其特征 …… 1
一、概念 …… 1
二、特征 …… 2
第二节　中国特色社会主义职业道德 …… 3
一、社会主义职业道德的特点 …… 3
二、社会主义职业道德的核心 …… 4
三、社会主义职业道德的基本原则 …… 5
第三节　职业道德的基本规范 …… 6
一、爱岗敬业、忠于职守 …… 6
二、遵纪守法、安全生产 …… 7
三、尊师爱徒、团结互助 …… 7
四、精心操作、重视质量 …… 8
复习思考题 …… 8
第二章　职业培训 …… 9
第一节　职业培训概述 …… 9
一、意义 …… 9
二、发展趋势 …… 10
第二节　职业培训计划的制订 …… 11
一、职业培训计划的特点 …… 11
二、制订职业培训计划的方法 …… 11
第三节　教学原则与方法 …… 12
一、教学原则 …… 12
二、教学方法 …… 13
第四节　提高职业培训效果的方法和途径 …… 15
一、需求分析 …… 15
二、课程设计与讲师选择 …… 15
三、注重培训效果 …… 16
四、监督与评估 …… 16
五、激励措施 …… 16
复习思考题 …… 17
第三章　施工现场管理 …… 18
第一节　生产组织管理 …… 18

一、机械产品的结构和生产特点…… 18
二、合理组织机械产品生产的要求…… 19
三、机械工业的生产组织体系…… 20
四、日常生产的组织…… 22
第二节 产品质量管理 …… 23
一、提高机械产品质量的重要性…… 23
二、大力推广全面质量管理技术…… 23
三、做好企业内部的质量管理工作…… 25
第三节 安全生产与环境保护 …… 25
一、安全生产…… 25
二、职业危害与防护…… 27
三、工业生产的环境保护…… 30
复习思考题 …… 32
第四章 现代管理 …… 33
第一节 精益生产管理 …… 33
一、精益生产的诞生…… 33
二、精益生产的基本理念和实质…… 33
三、精益生产的主要方法…… 33
四、精益生产的基础工具——“5S” …… 35
五、精益生产的现场应用…… 36
第二节 制造资源计划 MRPⅡ …… 37
一、物料需求计划 MRP …… 37
二、MRPⅡ的基本原理…… 37
三、MRPⅡ的逻辑结构…… 38
第三节 企业资源计划 ERP …… 39
一、ERP 的特点 …… 39
二、ERP 的管理思想 …… 39
三、ERP 的主要功能模块 …… 40
第四节 ISO 9000 族标准…… 40
一、什么是 ISO …… 40
二、ISO 9000 族标准的产生…… 41
三、ISO 9000 族标准的构成与应用步骤和方法…… 41
四、应用 ISO 9000 族标准的步骤和方法 …… 41
五、TQC（全面质量管理）与 ISO 9000 族标准的关系 …… 42
六、其他国际标准…… 42
复习思考题 …… 43
第五章 高新技术 …… 44
第一节 机电一体化技术 …… 44
一、机电一体化的基本概念和主要特征…… 44
二、机电一体化系统的基本构成…… 46
三、组建机电一体化系统的常用基本单元技术…… 47
四、机电一体化技术在机械制造中的应用…… 54
五、机电一体化发展的主要方向…… 57

第二节　可编程序控制器 …… 58
一、定义、功能和特点 …… 58
二、PLC 组成、工作原理和编程语言 …… 61
三、PLC 技术的应用 …… 65
四、可编程序控制器的发展趋势 …… 66
第三节　精密成形和加工技术 …… 67
一、精密成形技术 …… 67
二、超高速、超精密加工技术 …… 80
复习思考题 …… 88
第六章　新材料 …… 89
第一节　新型工程结构陶瓷 …… 89
一、耐高温、高强度、耐磨损陶瓷 …… 89
二、耐高温、高强度、高韧性陶瓷 …… 91
三、耐高温、耐腐蚀的透明陶瓷 …… 92
第二节　新型金属功能材料 …… 92
一、形状记忆合金 …… 92
二、超塑性合金 …… 94
三、减振合金 …… 94
四、储氢合金 …… 95
五、多孔金属 …… 96
第三节　复合材料 …… 97
一、树脂基复合材料 …… 97
二、纤维、晶须补强陶瓷基复合材料 …… 98
三、金属基复合材料 …… 98
第四节　超微颗粒材料 …… 99
一、超微颗粒材料的奇异特性 …… 99
二、常见的超微颗粒材料 …… 102
复习思考题 …… 105
试题库 …… 106
答案部分 …… 121
一、判断题　试题（106）　答案（121）
二、单选题　试题（109）　答案（121）
三、多选题　试题（114）　答案（121）
四、简答题　试题（119）　答案（122）

第一章 职业道德

【培训目标】

通过本章的学习，了解职业道德的概念、特征、基本规范以及职业道德行为养成的途径和方法，使学员掌握职业道德的基本知识，努力培养健康高尚的人格，建立和谐的人际关系，更好地做好本职工作。

第一节 职业道德的概念及其特征

2001年9月20日，中共中央颁布了《公民道德建设实施纲要》，指出："在我们社会的各行各业，都要大力加强职业道德建设。"要通过职业道德建设，培养全社会每个从业人员正确的劳动态度和敬业精神，增强每个从业人员的事业心和责任感，使广大从业人员以主人翁态度热爱本职工作，树立崇高的职业理想，干一行、爱一行、专一行，对本职工作精益求精，自觉养成全心全意为人民服务的良好职业道德，推动我国社会主义市场建设的顺利进行。

为了提高职业道德素质，广大职工首先应掌握道德的一般理论。

一、概念

道德是人类在社会生活中为了调整人们之间、以及个人与社会之间的关系，依靠内心信念、社会舆论和传统习惯所维系的行为规范的总和。它以善和恶、荣誉和耻辱、正义和非正义等作为评价标准，并逐步形成一定的习惯和传统，用以指导或控制人们的行为。

道德作为一种概念，是人类在长期的社会物质生产和生活实践中逐步形成和发展起来的。在中国思想史上，道德有时指人的思想品质、修养程度、善恶评价，有时指风尚习俗和道德教育活动，但主要是指在社会生活中人们的行为准则和规范。在西方的古代文化中，道德指风俗、习惯，也含有原则、规范、品质及善恶评价的意思。马克思主义产生以前，一些思想家虽然从不同时代、不同角度，探讨了道德、道德起源、道德原则、道德规范、道德理想、道德评价等问题，但由于历史条件和阶级的局限，并未能做出科学的解释。马克思主义从社会生产和生活的实践中，从无产阶级的立场和利益出发，才科学地解释"道德"的含义。认为道德是依靠内心信念、社会舆论、传统习惯和各种形式的教育力量，以善与恶、正义与非正义、公正与偏私、诚实与虚伪等为标准去评价人们的各种行为，调整人们之间的、个人与社会的各种关系，指导、控制人们的社会行为。道德与法不同，它没有强制性。这两种不同性质的行为规范在社会生活中是互相配合、互相补充的。道德由一定的社会基础决定，并为一定的阶级服务。任何道德都具有历史性，永恒不变的、适用于一切时代的道德是没有的。在有阶级存在的社会，统治阶级的道德是占统治地位的道德。一切剥削阶级所提倡的道德都是维护和巩固其统治的工具。无产阶级道德，即共产主义道德，是无产阶级和劳动人民利益的反映，是人类历史上最伟大、最高尚的道德。

职业道德是从事一定职业的人在特定的工作和劳动中所应遵循的特定的行为规范。恩格斯指出："每一个阶级，甚至每一个行为，都各有各的道德。"职业道德是一般社会道德的特殊形式。职业道德的出现，与社会分工的发展相联系。原始社会的大分工，是原始职业分工的雏形，包含了职业道德的萌芽。随着奴隶社会职业分工的日益发展，人们在职业活动中发生各种各样的联系，为了调整不同职业内部、不同行业之间，以及每个从业人员之间的关系，便产生了职业道德。由于职业活动是人类最基本的实践活动，因而职业道德比婚姻家庭道德、社会公德更能反映一定社会、一定阶级的道德要求和道德面貌。在古希腊柏拉图的《理想国》和我国战国时的《周礼》、《考工记》中就已提出了职业道德的规范。职业的不同，也就形成不同的道德意识和道德行为。职业道德作为一种社会意识，是社会的、阶级的道德在职业生活中的具体体现，反映着行为的道德调解的特殊方向，又带有具体职业或行业活动的特点，是一般道德原则和道德规范的重要补充。

职业道德是在特定的职业生活中形成的，但在阶级对立的社会里，必然受阶级道德的制约。社会生产力的发展水平和生产方式，以及占统治地位的阶级，决定了职业道德的时代性。职业道德包含对整个人类都有利的一些起码的公共生活准则，即社会公德。但当这个公德违背统治阶级根本利益的时候，就要受到统治阶级的限制。只有在推翻了剥削阶级的统治后，职业道德才能与社会公德统一起来。社会主义社会制度确立后，职业道德的性质发生了变化，形成了新型的职业道德。各行各业共同遵循为人民服务的道德原则，成为社会主义和共产主义道德体系的重要组成部分。

二、特征

职业道德是从职业活动的需要中形成和发展起来的，是社会道德的特殊表现和有机组成部分。职业道德也是依靠社会舆论、人们的信念、传统习惯和教育的力量来维系的。职业道德体现了一般社会道德，一般社会道德寓于职业道德之中。但是，职业道德作为道德的一个特殊领域和行为调节手段，有它自身的特殊要求，这是一般道德所不能代替的。我们平时说的职业良心、职业心理、职业责任心等，其实就是职业道德的特殊性。职业道德的特征，概括起来有以下三点：

1. 对象的特定性和职业的规定性

职业道德与人们的职业活动紧密相联，具有职业特征。它的适用范围主要表现在实际从事一定职业的人们中间，也就是主要表现为已经走上社会、参加工作的人的意识与行为中，而不表现在儿童和未走向社会的青年中。职业的责任、义务和专业内容决定了职业道德规范的内容，从事不同职业的人有不同的职业道德要求，每一种职业道德规范只适用于一定的职业活动领域，如医生的道德规范主要是救死扶伤，治病救人；教师的道德规范主要是教书育人，诲人不倦；营业员的道德规范主要是公平买卖，信誉第一；机要人员的道德规范主要是守口如瓶，严守机密等。职业道德主要用来约束从事本职业的人员，对不属于本职业的人，或本职业人员在该职业之外的行为活动，它往往是起不到调节和约束作用的。当然，从社会整体来看，不论从事哪种职业，都是社会的有机组成部分，社会对各行各业又有着共同的职业道德要求。

2. 内容的继承性和连续性

职业道德是在特定的职业实践中形成的，而从历史上延续下来的职业活动具有一些共同的性质和特点，因而职业道德也具有明显的继承性。表现为世代相袭的职业传统，形成人们比较稳定的职业心理和职业习惯。从事特定职业的人们在从先辈那里学习职业技艺的同时，也把与这一职业技艺紧密相联的职业传统、职业习惯、职业心理、职业品质继承了下来，使得不同时代的职业道德也有许多相同的内容，表现出一种特有的继承性和连续性。但不同社会形态的职业道德的继承性是相对的，它要受到当时经济关系的制约和占统治地位的道德原则的影响。

3. *形式的多样性和适用性*

职业五花八门，职业道德的内容也千差万别。各种职业道德规范是人们在长期职业活动中总结、概括、提炼出来的，它随着社会的发展不断调整和补充，使得职业道德呈现多样性的特点。由于职业特点的不同，有些职业道德在形式上也会与社会道德原则发生矛盾。比如，社会道德要求人们诚实守信、不讲假话，但作为医生，有时讲真话反而影响治病效果，在一定的条件和场合下讲些假话是医生职业道德所允许的。这更丰富了职业道德的形式。

为了便于理解执行，各行各业一般都根据本行业的特点和要求、具体的职业环境和职业条件以及从事本行业职工的素质和水平，采取简明适用的行业公约、职工守则等形式，制订一些条款和规章，把职业道德规范具体化、规范化、通俗化。与一般社会道德相比较，职业道德规范采用这种既鲜明生动、又易于理解和实行的形式，对于规范从业人员的行为更具有适用性和约束力。

第二节　中国特色社会主义职业道德

随着职业分工的发展变化和人类社会的不断进步，职业道德在各个时代呈现出不同的历史特征。

在原始社会末期，随着氏族内部出现的畜牧业、农业和手工业的最初大分工，出现了畜牧业、农业和手工业等专门的“职业”，便出现了最初的职业道德，只不过这时的职业道德仅以萌芽状态包含在原始社会的道德中，还不能成为一个单独的道德类型。在奴隶社会，职业分工有了新的发展，与奴隶社会里的各种职业分工相联系，产生了各种不同的特殊道德要求，职业道德以特有的道德类型从社会道德中相对地独立出来。在封建社会，社会的职业分工越来越具体，职业的内外部关系越来越复杂，调整各种职业之间和职业内部关系的职业道德也就逐步发展。各种封建行会的规章制度包含了丰富的职业道德内容，如商家不能把逗留在邻家店铺前的顾客硬拉到自己店铺来，商品的陈列不能挡住邻家的店铺；医生以治病救人为天职，不可以医术谋取私利，对病人不论贫富贵贱、老少美丑、怨人亲友都要一视同仁，严戒乘人之危、贪恋财色等。师徒之间则强调“师徒如父子”、“一日为师终身为父”的规范。在资本主义社会，由于生产力发展、科学技术突飞猛进，社会的劳动分工越来越细，越来越明确，出现了上千种职业，与之相适应，职业道德的内容、形式、类型等也得到了极大的发展。

社会主义制度的建立，为职业道德的发展开辟了广阔的前景。社会主义职业道德是社会主义社会从事各种职业活动的劳动者应当遵守的行为规范，它是适应社会主义精神文明建设的需要，在批判继承人类历史上职业道德优秀成果的基础上，在不断总结社会主义职业实践经验的过程中逐步丰富和发展起来的，是人类社会职业道德发展的新阶段。

一、社会主义职业道德的特点

1. 先进性

党的十七大提出我们要坚持以邓小平理论和“三个代表”重要思想为指导，深入贯彻落实科学发展观，继续解放思想，坚持改革开放，推动科学发展，促进社会和谐，走具有中国特色的社会主义道路，为夺取全面建设小康社会新胜利而奋斗的目标。在这一共同的事业中，从事各种职业的人们建立了同志式的平等互助关系，把个人利益和社会集体利益有机地统一起来，这为人们形成共同的政治理想和道德要求提供了客观基础。反映这种新型关系的社会主义职业道德始终把维护这种关系、团结全体劳动者为社会主义事业而奋斗作为自己的神圣职责，集体主义原则和全心全意为人民服务成为社会主义职业道德的最高要求和本质特征。这既与一切剥削阶级的道德根本对立，又克服了历史上劳动人民的历史局限性和职业道德的消极方面，充分体现了社会主义职业道德的极大优越性和先进性。

2. 层次性

按照马克思主义的观点，社会主义和共产主义是共产主义社会形态中两个不同的组成阶段。共产主义道德作为人类道德发展史上的一种类型，从根本上说，它既同时适用于这同一社会形态的两个不同阶段的道德体系，但又不能不带有不同阶段的特点。我国正处于社会主义初级阶段，必须坚持以生产资料公有制为主体、多种经济成分长期共同发展的所有制结构，必须坚持以按劳分配为主体、其他多种分配方式并存的分配制度。这种经济基础的差异性、复杂性，决定了政治、文化发展的不平衡性，这就必然导致社会主义职业道德在现实生活中呈现出层次的特点。

二、社会主义职业道德的核心

为人民服务是社会主义职业道德的核心，是衡量职业道德水平的标准。社会主义社会是全面发展、全面进步的社会。在中国特色社会主义建设中，经济建设提供物质基础，政治建设提供政治保障，文化建设提供精神动力和智力支持，社会建设提供有利的社会环境和条件，因此，社会主义时期，努力搞好社会主义建设，尽快使人民摆脱贫困，尽快使人民富裕起来，代表了人民群众的最大利益，代表了国家的力量和未来。社会主义建设事业本质上是人民群众的事业，各行各业都要把有利于发展社会主义社会的生产力，有利于增强社会主义国家的综合国力，有利于提高人民的生活水平，作为一切工作的出发点和检验一切工作得失成败的标准。职业活动中能否贯彻为人民服务的思想，将表明一个人的道德价值追求和职业道德水平的高低。

把为人民服务作为社会主义职业道德的核心，有其深刻的社会根源和特殊的道德意义。它是社会主义社会经济、政治关系和崭新的人与人的关系的集中体现，是新旧职业道德规范的根本区别。在私有制阶级社会里，剥削阶级同劳动人民的关系是压迫与被压迫、剥削与被剥削的关系，在剥削阶级那里通行的格言是“人人为自己，上帝为大家”，“人不为己，天诛地灭”，在劳动人民内部，一方面有团结互助的优良道德传统，另一方面，又受着私有制和剥削阶级那种“各人自扫门前雪，莫管他人瓦上霜”的道德影响，因此，在全社会不可能形成为人民服务的道德规范。社会主义社会同旧社会的根本不同，在于社会主义社会人民群众的根本利益是一致的，人民在国家的经济政治生活中处于主人翁的地位，人与人之间是一种平等、团结、友爱、互助的社会主义新型关系。为人民服务的职业道德要求，正是巩固和发展这一崭新的人与人之间关系的需要，是全社会普遍的道德要求，是区分新旧社会职业道德规范的重要标志。

在我们的社会里，不论哪种职业，都是社会主义建设事业的组成部分。各行各业所创造的财富和所提供的服务，都是为了满足人民群众日益增长的物质和文化生活的需要。我们每个工作人员不论职务高低，不论事业大小，不论从事什么样的职业，都是人民的勤务员，所做的一切都是为人民服务。每个人的职业岗位虽然不同，但人人都是服务对象，人人又都为他人服务。尽管人们的职业不同，为人民服务的内容和方法也不同，但都应该关心、爱护人民，帮助人民，把为人民服务作为职业实践的出发点和归宿，并把它落实到为职业对象的服务之中。

为人民服务体现了我们的事业对各行各业提出的职业道德要求，全心全意为人民服务是社会主义职业道德的最高表现，也是共产主义人生观的最高境界。共产主义人生观把为人民的利益而工作看做是最大的幸福、最大的荣誉，把人生的价值奠定在全心全意为人民服务的基础上。做一个全心全意为人民服务、毫不利己、专门利人的人，是当代青年学生应该追求的理想人格。在社会主义社会里，社会工作有分工，各个人的能力有大小，贡献也各不相同，但只要有全心全意为人民服务的精神，把本职工作做好，以应有的成绩奉献给人民，就是一个高尚的人，一个有道德的人，一个有益于人民的人。雷锋精神之所以代代相传，就在于他能够把有限的生命投入到无限的为人民服务之中。

三、社会主义职业道德的基本原则

在社会主义社会，正确处理集体利益与个人利益的关系，是社会主义集体主义的全部内容，也是社会主义职业道德的基本原则，是社会主义对人们行为提出的最基本要求，是道德最普遍、最本质的规范。因此，在职业活动中，也必须把是否坚持这一原则，作为衡量一个人或一个社会职业道德水平高低的标志，作为调整人们之间职业关系的最基本的出发点和指导原则，作为贯穿整个职业道德规范体系的总纲和精髓。在社会主义国家，集体利益和个人利益根本上的一致性表现在两个方面：

第一，社会主义的集体利益是由社会成员的共同利益构成的，任何集体都不能脱离其成员的个人利益而独立存在，离开了劳动者和大多数成员的个人利益，就谈不上集体利益。因此，集体利益归根到底要保障劳动者和社会大多数成员个人利益的实现。社会主义集体主义原则强调国家利益、集体利益、个人利益相结合，不能否认个人利益。我国的经济政策历来主张兼顾国家、集体、个人三者利益，这正是正确处理集体利益和个人利益关系的生动体现。

第二，社会主义的集体利益是社会成员的个人利益赖以实现的基本条件和根本保证。社会主义社会的公有制性质，决定了个人对集体的这种依赖关系。集体利益的扩大和加强，是个人利益得以实现的客观条件。集体经济的发展、物质财富和精神财富的增加，意味着劳动者的物质文化需要可以得到更多的满足。对于集体利益的任何破坏，都会转化为对集体成员个人利益的损害。同时，集体可以为个人提供学习、工作的条件，集体又是个人全面发展和发挥其才能的广阔舞台，离开了集体成员以各种形式相互提供的条件和共同的协作、配合，个人的才能就没有了用武之地。因此，集体的兴衰成败必然影响到每个成员，集体的利益和幸福是个人利益和幸福的基础。

总之，在社会主义条件下，没有离开个人利益的集体利益，也没有离开集体利益的个人利益。个人利益和集体利益两者互为前提、互相依赖。以集体利益和个人利益相统一为基础，集体利益高于个人利益，个人利益服从集体利益，把国家利益、集体利益和个人利益相结合的原则，既是社会主义道德要求的根本行为准则，又是整个社会主义道德的基础，当然也是社会主义职业道德的基本原则。

第三节　职业道德的基本规范

所谓规范，就是标准、准则的意思。职业道德的基本规范是告诉人们在职业活动中应该怎样做，不应该怎样做。它一方面是从业人员调整和处理职业活动中各种关系的准则和基本要求，另一方面是判断、评价从业人员的职业活动和职业行为的是非、好坏、善恶的标准。工人的职业道德，是社会主义职业道德之一。工人的职业道德是在长期的工业生产实践中形成的。工人阶级是最先进的生产力的代表，最有远见，大公无私，最有组织性、纪律性和革命彻底性。工人阶级的先进性，决定了工人职业道德的先进性。在社会主义条件下，工人不仅是工业生产资料的主人，而且是国家的主人。因此，他们的职业道德，具有主人翁的责任感，具有时代的特征。其基本内容除了要树立共产主义远大理想，树立共产主义的世界观和人生观；热爱祖国，热爱社会主义，热爱共产党，热爱集体事业，热爱本职工作；努力学习科学文化知识，不断提高技术和业务水平外，还应做到以下四条。

一、爱岗敬业、忠于职守

所谓爱岗，就是热爱本职工作。所谓敬业，就是从业人员认识本职业在社会生产总体系中的地位和作用，认识本职工作的社会意义和道德价值，从而敬重本职工作。由于分工和专业化生产，社会被分为千千万万个不同的行业和岗位。每一种职业对社会的存在和发展都有其作用和意义。基于职业的平等观念，每个从业人员应该以正确的态度对待各种职业劳动，热爱自己所从事的职业。

爱岗敬业，是为人民服务的基本要求。一个人一旦爱上自己的职业，他的身心就会融合在职业活动中，就能在平凡的岗位上，激发高度的创造性，充分发挥个人的聪明才智，做出不平凡的业绩。热爱本职工作，就会从本职工作出发，进一步热爱自己的工作对象，以满腔热情对待服务对象，努力为对方提供最佳的服务；热爱本职工作，就会严格自觉地按照岗位规范和操作规程的要求，爱护设备、工具、材料，以对社会、对人民高度负责的职业责任心和职业良心，自觉地去提高产品质量，尽量减少环境的污染。讲究产品质量、服务质量，强调文明生产、热情服务，是热爱本职工作的必然要求和具体体现，同时是每个从业人员对社会、对人民所必须承担的义不容辞的职责和义务。

忠于职守，就是具有强烈的职业责任感和义务感，坚守岗位，尽心竭力地履行职业责任。忠于职守不仅表明了从业人员对本职业的感情和志向，而且是每个从业人员应尽的义务。忠于职守是评价和考核从业人员工作成绩的依据，也是每个从业人员热爱祖国、服务社会的具体体现。

当然，社会主义职业道德提倡爱岗敬业，忠于职守，并不是要求人们终生只能从事一种职业。当前，我国正努力建立和发展社会主义市场经济，推行劳动用工制度的改革，鼓励人才合理流动，以促进和实现劳动力资源的最佳配置。劳动者可以根据社会的需要以及个人的专长、兴趣和爱好选择职业，以充分发挥自己的积极性和创造性，真正做到人尽其才。允许人才流动，为人才的成长和发挥作用创造良好的环境，促使大多数人更加自觉地爱岗敬业，忠于职守，奉献社会。

在现实生活中，各种职业的地位本质上是平等的，但各种职业的社会声誉并不相同。有些职业声誉好，具有强烈的吸引力，有的职业则吸引力不强。造成这种情况的原因是复杂的，除了传统职业偏见的影响以及个人兴趣爱好不同之外，还有劳动报酬、强度等方面的原因。在择业时，人们渴望从事那些声誉较高的职业，这本是无可指责的，但择业须从自己的实际出发，根据个人的思想基础、文化水平、专业知识、工作能力与条件，量力而为，量力而就。好高骛远或妄自菲薄，都是不可取的。同时，个人的选择还应该与国家的需要结合起来，必须为国家、为社会承担起应尽的义务和责任。只要在履行义务、承担责任的过程中，为社会作出贡献，就会得到社会的承认与尊重，赢得荣誉和地位。无论做什么工作，也无论是否满意目前所从事的职业，定岗以后都必须尽职尽责地做好本职工作，并在本职工作的实践中逐渐培养兴趣，最终从认识上、情感上、信念上、意志上乃至习惯上养成忠于职守的自觉性，做到干一行、爱一行、专一行。

二、遵纪守法、安全生产

遵纪守法指的是每个从业人员都要遵守职业纪律，遵守与职业活动相关的法律、法规。职业纪律是在特定的职业活动范围内从事某种职业的人们所要共同遵守的准则，它包括组织纪律、劳动纪律、财经纪律等基本纪律要求，以及行业的特殊纪律要求。法律是反映统治阶级意志的，由国家制定和认可的，靠国家强制力保证实施的行为规范的总和，如法律、法令、条例、规则、命令等。法律在本质上是统治阶级共同利益决定的整体的统一意志的体现。在阶级社会里，统治阶级把法律和道德看做是维护其阶级利益的工具，而且往往把本阶级的某些道德规范赋予法律的效力，把自己的道德标准确认为是法律规范，并利月法律的强制力推行和维护他们的道德规范。在社会主义社会，一般地说，凡是社会主义法律禁止的，就是社会主义道德要谴责的；凡是社会主义法律所鼓励的，就是社会主义道德要提倡的。有些道德规范直接写进法律，有些法律条文包含着一些道德规范的要求。这些条文，既是法律规范，又是社会主义道德规范；既是法律义务，又是道德义务。全体人民自觉遵守道德规范，自觉遵守法律规范，则是社会主义道德规范的当然要求。从业人员在职业活动中遵守法律是职业道德规范的起码要求。

工业生产在生产过程中，客观存在着许多不安全因素。如果不注意安全生产，就可能发生事故，造成人员伤亡、设备损坏、生产中断。所以，党和国家历来都是把安全生产放在工业生产的第一位。我们每一个从业人员，都必须牢记安全生产，把它作为自己时刻遵守的职业道德。

安全和生产是相互联系的，任何一方都不能孤立存在。没有生产活动，安全就不复存在；没有安全的观念和条件，生产也不能顺利进行。所以，在生产活动中，必须用辩证统一观点来处理安全和生产的关系，特别是在生产繁忙的情况下，当生产和安全发生矛盾时，不能放松安全工作，要坚持“安全第一”的思想。越是生产任务紧，越要注意安全工作。每个企业一般都建立了安全生产管理制度，严格执行这些规章制度，是安全生产的保证，更是最起码的职业道德规范。

三、尊师爱徒、团结互助

尊师爱徒、团结互助，这是工业生产内部从业人员之间、同行之间重要的道德规范，是集体主义道德原则和人际关系在职业活动中的具体体现。新职工进企业后，一般都要向老职工学习，拜他们为师，学习他们的思想作风、工作作风和技巧能力，不尊敬师长，不虚心好学，就不能当好接班人，这是一个很浅显的道理。另一方面，老职工应该做到爱护和帮助新职工，尤其对待自己的徒弟要无私地“传、帮、带”，把自己的本领无条件地传授给他们。在尊师爱徒的氛围里，人际关系必然和谐健康，干工作就能做到齐心协力，整个企业就可以依靠集体的智慧、集体的力量，共同奋斗，使企业得到更长远的发展。企业兴旺，对国家、集体和个人都有益处，同时对提高整个社会的精神文明水平、推进社会的进步都大有益处。

做到尊师爱徒，也为发扬团结互助的职业道德打下了基础。现代工业生产与历史上的“小农经济”不同，必须由许多工种分工合作才能完成。随着科学技术的发展，社会化程度越来越高，职业分工越来越细，劳动过程更趋专业化、社会化，科学技术各学科互相渗透。科学的进步，技术的发展，需要多部门、多领域、多学科的协同奋斗，其中任何一道工序出了差错，都会影响整个项目的进展。无论是行政管理，还是科学研究，无论是工农业生产，还是第三产业，都离不开协作。一个企业、一个部门、一个地区的经济与社会事业发展，甚至一个国家的强盛，都离不开协作。协作产生的合力，不是协作各方力量的简单相加，而是成倍的增长；相反，如果不能齐心协力，各方力量相互抵消，其效果可能是零，甚至产生负效应。因此，从业人员之间、协作单位之间都要做到团结互助，以诚相待，相互支持，互相帮助，以实现最佳的经济效益和社会效益。对互不通气、互相拆台，甚至乘人之危、落井下石等不道德的行为，必须自觉地进行抵制。

在市场经济条件下，提倡团结互助，并不排斥竞争。团结互助是为了依靠集体的力量谋求最佳的经济和社会效益。竞争的目的则是为了调动每个从业人员的积极性，提高工作效率，推进企业进步。所以，社会主义竞争和团结互助的目的是一致的：团结协作可以增强竞争能力，而遵循公平、诚实、信用原则，在技术、质量、管理以及智慧能力多方面竞争的基础上，开展思想道德、作风和精神的竞争，必将赢得对手的尊敬和友谊，促进团结互助。

四、精心操作、重视质量

工业战线上的职工，在各自的岗位上从事着不相同的工种，施展自己特有的操作技能，必须做到勤业、精业，这是自觉履行职业道德规范的实际行动。因为只有做到熟练掌握了职业技能，精心操作，才能保证产品质量和服务质量，还可避免出现安全事故。所以每一个从业人员在职业实践中，以高度的责任感和精湛的技能，做好本职工作，才能体现高尚的道德。

质量是产品的生命，也是企业的生命，对社会来说，产品的质量不仅代表了国家的生产技术水平与经济实力，而且直接影响经济建设的速度。我们每一个从业人员，都要重视自己岗位的生产质量，这样才能保证每道工序、每个零件、每个部件乃至整个产品的质量。所以，重视质量是每一个从业人员最起码的道德规范。

复习思考题

1. 什么是职业道德？它是怎样形成的？有哪些特征？
2. 社会主义职业道德的核心和基本原则是什么？
3. 工人的职业道德有哪些基本规范？

第二章 职 业 培 训

【培训目标】

通过本章学习，了解职业培训概念、教学计划的制订、教学原则与方法等，掌握职业培训的基本知识，并能指导对技工的培训工作。

第一节 职业培训概述

职业培训是指对社会成员施以某种职业所需的知识、技能的教育和训练。当今世界经济中，各方面的竞争尤为激烈，包括国家间的竞争、地区间的竞争、行业间的竞争、企业间的竞争、就业的竞争、岗位的竞争、知识和技能的竞争等。由于竞争的归结点是人才，这就使得能提高人员素质的职业培训成为社会和各单位的一项重要的战略任务。

一、意义

1. 职业培训是信息时代和学习型社会的需要

由于信息技术的迅猛发展，使得全球经济一体化的浪潮席卷而来，从某种意义上说，外界的变化是无法控制的，一方面，经济全球化是由广泛而强有力的一组力量所驱动的，这些力量包括技术变迁、国际经济整合、发达国家国内市场的成熟以及世界政治的变化等，而没有人能逃避这些力量的影响；另一方面，由于信息技术的发展进而产生的全球化经济的震波涉及到世界各个角落，它正在创造着更多的风险和更多的机会，无论人们靠什么为生，对人们影响重大的变化越来越可能发生，从而迫使全社会的所有成员实施急剧改进以图竞争，这种急剧改进便是学习和提高自身素质。因而现代社会也就成了学习型社会。在学习型社会中，人们必须通过终身教育，不断地补充新的知识和技能，才能跟上时代的步伐，不至于落伍。而在接受终身教育的某个阶段的学习，便是接受按职业（岗位）要求的职业培训。

2. 职业培训是企业生存和发展的需要

企业要在市场竞争中立足并得到长足的发展，靠的是产品质量和服务质量，但最终靠的是技术和人才。随着科技的进步，企业的发展需要一定数量和质量的人才来保证，而技能人才是企业产品的直接制造者和服务的直接提供者，他们数量的多少和素质的高低，对企业的核心竞争力和自主创新能力产生直接和重要的影响。因此，只有把职业培训作为人力资源开发的重点，建立一支高素质的职工队伍，才能使企业保持活力，为企业发展增加后劲。

3. 职业培训是个人实现自身价值的需要

凡是已就业的员工、管理者和即将就业人员，都有一个共同目标，即实现自身价值。但自身价值的大小取决于自身的素质。现代社会正在向“人工智慧”和“专家系统”的时代过渡，个人和组织为了生存，为了适应社会的需要和发展，就必须不断学习，以保卓越。在岗职工的职业培训，就是不懈地将学习贯彻于职业生涯的始终，这也是不断创造和超越的过程，实现自身价值的过程。在岗职工只有通过学习，才能重新认识职业以及职业与自身发展的关系；通过学习，重新发现和尝试新的事业；通过学习，重新塑造自我：通过学习，增加拓展创造未来的能量。

二、发展趋势

1. 重视现实与未来

面对未来的压力，学员有权利获得在历史变革中求得生存的手段和观念，还需了解各种未来社会的真实图景，而起步便是教育。因此，具有未来概念的崭新的课程设置及其相关的教学内容便应运而生。

在新的知识观的影响下，课程观也发生了相应的转变，课程的内容不是固定不变的，在探索新知的过程中不断地得以充实和完善，最后才形成一体化的内容。课程是师生共同参与探求知识的过程，教员不再作为知识权威的代言人全面控制课程的组织与开展，而更多地以指导者、协调者的身份出现。学员不再是知识的被动的接受者，而成为课程发展的积极参与者，学员的感知、经验都被纳入到形成中的课程体系中。课程发展的过程具有开放性和灵活性。课程目标不再是完全预定、不可更改的，在探究过程中可以根据实际情况不断地予以调整。课程的组织不再局限于学科界限，而向跨学科和综合化的方向发展；从强调积累知识走向发现和创造知识，承认和尊重人们的意见和价值观的多元性，不以权威的观点和观念控制课程，试图在各种观点、观念相互冲撞、融合的过程中寻求一致或理解。

可以预见，未来将突破传统教学的一切陈规陋习，使“教室”无限地扩大，教员也将由传统的传道、授业、解惑而发展成为学员进入未来社会的协助者。

2. 多媒体教学技术

多媒体技术是指计算机交互式地综合处理文字、图形、图像、声音等名种信息，使它们建立逻辑连接，集成为一个系统。一种崭新的现代化教育形式——多媒体计算机网络教学系统随之出现，它是由服务器、教员主机和学员工作站连接而成的计算机网络。教员通过教员主机控制整个网络的每一个终端，与学员进行交互会话；学员在学员机前接受教员的指导进行学习。在多媒体教学中，学员是作为主体来进行学习的，信息反馈都是以学员为中心。

多媒体技术将使教材发生巨大的变革，从此教材不再局限于书本，还有融文字、声音、图画为一体的电子教科书，如CD-ROM（只读光盘）、CD-I（交互式光盘）、DVI（交互式数字视频）。它将有效地调动学员的学习兴趣，成倍提高学习效率。多媒体技术将使教学形式更为活泼，教学手段更为多样化；通过联网能远距离传输，能更好地实现远距离教育，有可能使教育由学校的集中教育为主转变为以家庭为单位的个体教育为主，这将对未来的培训教育的形式、方法产生巨大的影响。

3. 大学公司

面对日新月异的信息社会所产生的种种需求，教育不仅仅是一种雅趣、一种闲暇的文化消费，它也是为社会创造利润和培养各类新兴人才的重要工具。20 世纪 90 年代，欧美教育界的一个令人吃惊的变化是：大学逐渐成为公司，这种变化呈现着大学教育改革的某种轨迹。当今，世界各地都出现了在大学周围兴起的科学园、工业区，越来越多的企业与大学联为一体，大学公司正成为未来高等教育的发展趋势，为教育和企业的发展带来新的契机。

大学公司化的形式多种多样，其一是企业公司与学校签订供需契约，并保障学校毕业生的就业问题；其二是企业收办学校，让学校直接为公司输送合格人才。在我国目前的培训教育中，通常采取行业主管部门、培训中心和行业协会三位一体的办学形式。

4. 全民终身教育

终身教育的目标是：教育应当在每一个人需要的任何时刻，以最好的方式提供必要的知识和技能。它揭示了未来教育的共同方向，也就是将教育贯穿到人的整个一生之中，使学习成为一个不断取得能力的过程，其基本特征是终身性。

教育在时间上将扩展到人的一生，在空间上将扩展到全社会。贯穿实施全民终身教育的将是各种类型和功能的学校。从中央到地方各级政府机构、企事业单位乃至社会的每个细胞——家庭，以及博物馆、电影院、文化馆、剧场、俱乐部、图书馆等公众服务机构都将举办内容丰富多彩、形式多种多样的教育。全民终身教育将是现代社会教育的重要模式。而职业培训教育正是这种模式的体现。

第二节　职业培训计划的制订

一、职业培训计划的特点

职业培训（教学）计划是培训单位对培训和教学工作的指导性文件，是培训部门组织教学工作的重要依据。它具有以下特点：

1. 同步性

培训计划是与本企业的动态发展同步进行的。培训计划反映了企业对员工的知识、技能结构及水平的客观需要，企业要开发何种培训项目，就必须及时制订该项目的培训计划，甚至有的培训项目的开发应超前于新产品、新技术（装备）、新工艺的开发。

2. 可塑性

职业培训计划不同于正规的学历教育计划和特殊行业（金融、法律等）的教学（培训）计划，学历教育计划（包括学制、课程设置、学习形式等）和少数特殊行业的职业培训计划是执行国家和省的统一标准，而职业培训计划是根据社会（对专职职业培训机构而言）和本单位对即将就业人员和在岗人员所需要的专业知识技能而制订的，它是随企业生产经营、新产品开发、服务客户、员工岗位的变化等多种动态的状态下，按“员工缺什么就补什么”的原则，不断地调整自己，有很大的可塑性。

3. 实用性

在职业培训计划中，培训对象是在岗人员和即将上岗的人员，因此，教学计划的内容是以岗位专业知识为主，以技能为主，以师带徒为主，具有较强的实用性。

二、制订职业培训计划的方法

1. 了解企业发展动态

制订培训计划，首先要使企业培训部门了解、掌握企业发展的组织和人员的第一手资料。组织资料包括：企业生产经营状况、管理水平、生产技术（装备）状况、近期和远期发展规划、企业在国内和国际的排行情况，以及各岗位（工种）对员工的素质要求等。人员资料包括：企业目前和近、远期的人才结构及水平，员工的知识（专业）结构及水平，操作工的专业技能结构及水平等。

2. 确定培训目标

在了解、掌握组织和人员情况的基础上，就可对企业所有员工，对应本岗位所需知识、技能要求，列出目前和近、远期的差距，并明确在何时应达到要求。这样，也就明确了培训目标。

3. 制订培训计划

在制订培训计划时，一是要对培训目标进行分类，例如，对企业生产经营的培训活动，列入业务培训计划；围绕提高企业管理水平的培训活动，列入管理培训计划；围绕提高操作工技能水平的培训活动，列入技能培训计划等。二是确定培训内容，要求参加培训的员工，经过主课程的学习后，达到对该训练项目的掌握与应用。三是在做好以上工作的基础上，编制出培训（教学）计划；编制计划时应根据企业应培训人员的层次、岗位等特点和等级标准的要求，确定课程设置、各门课程开设的顺序、课时分配及培训时间等。培训计划是对某项培训活动的总的设计方案，要实施培训项目，还应按培训计划的要求，编制每门课程的教学大纲。

4. 制订教学大纲

教学大纲是根据培训（教学）计划，按学科（课程）分别编写的，它规定了学科（课程）的目的、任务、知识范围、深度及其结构、教学进度和教学方法上的基本要求。教学大纲内容分说明和正文两部分：说明部分包括本门学科（课程）的教学目的和要求，教材内容的编选原则，教学方法的提示及教学中应注意的问题；正文是教学大纲的基本部分，它根据教材的编选原则、教材本身的逻辑系统和学生的认识规律，以纲要的形式安排全部教材的主要课题、要目或章节，规定每个课题的教学要点和教学时数，以及练习、实验、实习作业、参观等。

5. 做好预算规划

在制订培训计划时，要对培训活动的总费用进行预算，包括：教师讲课费、租场费、器材和设备的成本，以及教材、教具、外出活动费和专业活动费等。

第三节　教学原则与方法

一、教学原则

教学原则是根据教学的目的和教学规律，在总结教学实践的基础上制定出来的对教学的基本要求。它是成功地进行教学活动所必须依据的准则。教学原则来源于对教学过程客观规律的认识，是教学内在规律的体现，是人们自觉地认识和遵循教学规律的结晶和形式。

1. 科学性、思想性统一的原则

这一原则是指在教学过程中，向学员传授先进的、系统的文化科学基础知识和基本技能，同时结合各科教学特点，培养学员的辩证唯物主义世界观和正确的道德观。

在实践中贯彻科学性、思想性统一的原则的基本要求是：第一，确保教学的方向性和科学性；第二，传授给学员的知识必须符合现代科学发展水平；第三，充分发掘教材中知识体系的系统性和内在思想深刻性的特点；第四，科学地组织教学活动，培养学员实事求是、独立思考、积极向上的个人品质。

2. 理论联系实际的原则

这一原则是指在教学过程中，教员以理论和实际结合的教学方式，引导学员运用所学知识分析问题、解决问题，使学员从理论和实际的联系中去理解和掌握教学内容，从而获得比较全面的知识。专业教学如果仅仅停留在传授书本上的基本原理、基本技能等，只能是纸上谈兵；只有将书本知识应用到实际工作中，才能更深入地理解和掌握书本知识。

3. 传授知识与发展能力相统一的原则

这一原则是指教员在引导学员获得高深的知识和技能的同时，要努力促进他们的智慧、才能的发展。这既反映了教学的发展性规律，同时又符合教学目的的要求，更是现代社会发展的需要。在专业的培训中，教员在向学员讲解书本上的基本原理、基本技能的同时，还要通过讲授、参观、实习等方式，传授解决实际问题的方法和技巧，真正促进学员专业知识水平的提高。

4. 教员主导作用与学员主动性、独立性相结合的原则

这一原则要求教员调动学员的主动性，引导学员主动自觉地学习与发展，形成学员在教学中的主体地位。教员主导作用与学员主动性、独立性相结合的原则，是教学过程中师生双方双边活动的反映，它要求解决教员的教与学员的学之间的矛盾。贯彻这一原则，有助于形成教为主导、学为主体的教学关系，提高教学质量。

5. 直观性与抽象性相统一的原则

这一原则要求教员在教学时应用各种直观手段，使学员通过多种形式的感知和经验，获得生动表象。同时引导学员以感知认识为基础，进行分析、综合和抽象概括，全面深刻地理解概念和原理。

6. 统一要求和因材施教相结合的原则

这一原则要求教员在教学中既从培养人的基本性格和各科教学的基本要求出发，又要从学员个人的实际出发，承认个别差异，切实做到因材施教。

在职业培训教育中，有侧重地贯彻执行教学原则是提高教学质量的必要措施。

二、教学方法

教学方法是教员和学员为达到教学目的而共同进行认识和实践活动的途径和手段。它是师生双方的协同活动。

1. 常用的教学方法

不同的教学目的，不同的教学内容和不同的教学对象，需要不同的教学方法。尽管教学方法种类很多、体系庞大，在这些方法之中仍然可以划分出一些基本的、常规的教学方法。

（1）讲授法　讲授法是指教员运用口头语言向学员传授知识和指导学员进行学习的方法。这种方法的特点是教员以适当的知识材料通过语言呈现给学员，学员则通过听讲的形式把教员所提供的知识材料与自己原有的相关经验和知识联系起来加以理解，并赋予新的意义保持在记忆中。

讲授法能在较短的时间内，传授给学员较多的有关各种现象和过程的知识信息，教学效率高，是目前现代教育中传授知识的最主要的教学方法。

（2）问答法　问答法是指教员根据学员的实际经验和知识基础，提出问题并引导学员积极思考、回答问题、得出结论，从而巩固已经获得知识的教学方法。问答法在培训教育和工地参观中都可以运用。它能激发学员的思维，有利于发展学员的语言表达能力和分析、解决问题的能力，促使学员对所学知识保持较长时间的注意力和较大的兴趣。

（3）讨论法　讨论法是指在教员引导下，学员与教员围绕有关问题，经过认真、充分地准备后在课堂上或小组里各抒已见、互相启发、取长补短，以独立获取知识和培养智能的教学方法。讨论法可以调动学员的积极性，培养学员的独立思考能力、活动能力和合作能

力，获得比较完全的知识。有的学员具有一定的实践经验，用讨论法教学还可以让学员参与教学，提高他们的学习积极性。

（4）实验实习法　实验实习法是指教员指导学员通过对各种技能、操作的体验，直观感知获得知识、技能、技巧的教学方法。

实验是教员指导学员利用特定的设备和其他手段、控制条件并作用于特定的对象，以引起事物或现象的变化，从而让学员自己感知知识的过程。

对于未曾参加过工程实践的学员，实践教学是学习、掌握技能的重要途径。学员在接受训练中，需要正确使用仪器设备，学习观察、判断实验现象，学会测量、记录、整理实验数据，进行绘图，正确分析和处理实验结果，得出客观的而不是臆断的结论。整个实验过程，既能使学员巩固、加深所学理论知识，又能培养他们的观察能力、动手能力、思维能力和创新能力。

（5）演示法　演示法是指在讲授知识中，把实物、图片、模型等展示给学员，或者在技能的教学中向学员作示范性的表演、实验，以说明或印证所教知识的教学方法。这种示范性表演的演示法，最适用于“名师带徒”，可以在较短的时间内提高技术工人、技师的操作技能。

演示法按教具可分为实物、标本、模型的演示，实验的演示，图表、图片、地图的演示，幻灯、电影、电视的演示，以及动作的演示。

（6）参观法　参观法是指教员根据教学要求组织学员到校外、工地等现场，观察各种事物和分析各种现象以获得知识的一种教学方法。首先，参观法能提高知识信息的传递速度。其次，参观法能及时地以最新科技成果组织教学。

（7）自学指导法　自学指导法是指学员在教员的指导下，学会阅读各种书籍，进行习题或课题训练等，独立地获取知识信息的教学方法。运用这种方法要求学员具有较高的认识能力和自学水平。

（8）练习法　练习法是指学员在教员的指导下，通过自己相对的独立活动，运用所学知识解决实际问题，以此巩固知识和培养学习技能的教学方法。这种方法多用于巩固、扩大、深化知识和运用知识。

以上介绍的是最基本的教学方法。每一种方法都有适用的具体范围和条件，在实践中不能机械地应用这些教学方法，而要注意其教学对象、教学形式的特性，灵活运用各种教学方法。

2. 现代化教学方法

在教育改革的潮流中，一些新的教学方法不断地出现。下面简要介绍国内外两种新的教学方法：

（1）案例教学法　案例教学法就是教员通过典型案例进行教学的方法。它通过组织学员讨论具有教学意义的实际案例，分析问题的本质，寻找解决问题的规律，使学员在案例分析中掌握有关的专业知识、技能和理论。

整门课程只用此教学法进行教学的不多，一般是结合理论讲授、课堂讨论、实习等教学方法进行的。案例教学一般要在理论讲授之后进行，使学员能够运用所学理论来分析、讨论案例，并通过案例教学提高、加深所学理论。

在应用此教学法的过程中，教员的主导作用应和学员学习的主动性相结合，重视正反案例的启发、引导作用。对优秀案例的提倡和发扬，不等于说其是绝对完美的，而应该辩证地分析它，取其精华、去其糟粕。在教学中，教员起着指导、启发学员的作用，学员则应充分发挥主观能动性和创造性，善于从每个案例中总结、归纳，并将所学知识融入自己的专业语言之中。

（2）多媒体教学法　多媒体教学法即以幻灯机、投影仪、电影放映机、录像机、程序教学机、电子计算机等多媒体教学设备，并以幻灯片、影片、唱片、录音带、录像带、光盘、软件等作为教材而进行教学的方法。由于多媒体教学法主要是利用图像和声音，通过学员的视觉和听觉强化输入信息的效果，所以它又称为“视听教学法”。多媒体教学法是现代科技成果在教育上的应用，是教育现代化的标志之一。

在有的专业（工种）的教学中可以运用幻灯、录像等手段，将许多工程案例的图片直观而生动地展现在学员面前，使原本生涩艰深的概念、理论变得易于理解、掌握与记忆，极大地扩充了学员的信息量。

以上介绍的是国内外的两种行之有效的教学方法，但是，任何一种教学方法都有一定的局限性，重要的是根据教学实际，创造性地设计出适合于特定内容和特定学员的特定教学方法。

第四节　提高职业培训效果的方法和途径

培训效果的好坏直接影响到人力资源的有效开发与人才的合理流动。如果企业培训效果较好，一方面可以提高员工素质，发挥其最大潜能，做到人尽其才，人事相宜；另一方面可以增强企业凝聚力和提高经营效益，实现组织目标。所以，采取有效的方法和途径，为企业实现理想模式——有效的学习型企业尤为重要。

一、需求分析

培训需求分析是确定培训目标、设计培训计划的前提，也是进行培训评估的基础，它是培训活动的首要环节，通过培训需求分析，可以确定绩效与预期绩效之间的差异和距离，找出影响因素，然后对症下药。开展此项工作主要采用三种方法：

（1）现有资料分析法　现有资料包括企业发展目标、各项工作的中长期计划和企业文化精神、企业人才结构和水平，以及员工个人业绩信息等。

（2）调查问卷法　调查问卷是为了了解员工对培训的认识以及对自身的评价，在培训的内容、时间和方法上达成一致，使组织期望与个人职业发展相结合。需要注意的是，调查问卷的设计要合理、丰富、简洁，对象善于表达以及具有代表性。

（3）访谈法　访谈者应当是负责培训工作的专业人士，访谈对象包括员工、部门主管及相关人员。

培训需求分析的方法并不是单一使用的，往往需要综合运用各种方法来确定培训的各个方面。

二、课程设计与讲师选择

培训课程首先要确定类别与目标，然后考虑对培训讲师的要求。培训课程的设计要注意如下几点：

1）针对不同的培训对象设计课程。针对新员工要侧重企业文化、基本知识技能等；针对在职员工要根据职业发展计划结合企业需要来设计课程，如对工作时间较长的老员工要侧重充实新知识、提高专业技能水平等，其中包括对不同层次管理者的管理技能类培训。

2）培训课程内容丰富，符合学习者的兴趣。培训教材不像学校里的教科书，而应根据企业自身特点编写而成，多与案例形式相结合，让学员带着问题去学习，这样可以解决实际工作中的难题和调动学员的兴趣。

3）培训课程的内容在某一阶段可以适用，但随着时间与环境的变化而需要不断更新。

设置好培训课程后就要求选择与之相匹配的讲师，而对讲师的要求主要是个人素质和资历两方面。根据课程特点，按照“由内到外”的原则来选择讲师，如果内部讲师能够满足需要就没必要外聘。关于态度方面的培训，首先要通过其他途径（薪资福利、环境改善等）解决，还可以进行拓展训练，以改善团队合作，调整态度。不管是哪一类的讲师，只要是能够驾驭好课程，并引导学员达到课程目标的就是好讲师。

此外，因为技师都是技术专业人才，他们自身的经验丰富，有的还掌握一两项“绝活”，成为某一方面的“技术权威”，充分发挥他们的技术特长，以“传帮教”的形式带徒弟培养新工人，其特点是能够用企业现有的生产设备、场地和技术力量，培养出更多的技术能手。而且这种方式培训技术工人同生产紧密结合，学用一致，专业对口，符合企业生产的需要，尤其是那些手工操作的较多工种，如钳工、涂装工等，个人的技艺水平对产品质量好坏起到很大的作用。所以，技师把自己的技术无保留地传授给徒弟是一项重要的任务。

三、注重培训效果

一次有效的培训，能使组织目标和个人目标实行无缝对接，即企业既满足了现状，又增加了后劲，同时员工也实现了自身价值。实施有效培训，就要使学员达到以下几种能力：

（1）智力型技能　包括思维方法、认知能力和语言表达水平等。

（2）基本知识技能　掌握职业知识的深度和广度等。

（3）操作技能　如写作、使用工具的熟练程度、操作技巧、科技创新等。

（4）态度转变　员工通过培训，其职业的态度有明显的转变，具体表现在工作质量上。

四、监督与评估

培训成果的转化必须要进行培训效果的评估与监督，将学员所学知识或技能运用到实际工作中去。所以，培训前要做好现状评估；培训中要对学员进行调查，关注他们的热情态度，而不是简单地记考勤，另外采取分阶段的课前预习、课中练习、课后实习，以强化记忆和提高自我训练的能力；培训后全面展开培训效果监督与评估，包括：

1）得到受训者直接主管的支持，即培训部门应督促部门领导为受训者确定目标、制订行动计划和鼓励实现目标。

2）对工作重新设计，营造成果转化的氛围，给受训者创造应用的机会，以实现企业效益。

3）培训师督导，实行绩效考核。企业应当将培训与考核机制结合起来，绩效考核既是对本次培训的结果评估，又是对下次培训的现状评估。

五、激励措施

对于企业来说，培训投资是为了效益回报，所以，企业必须对受训者做好一系列激励工作，主要有：

（1）培训前的激励　确立培训目标，做到人尽其才。培训目标包括员工所要达到的业务要求、技术等级、创新攻关等；人尽其才指培训后要安排学员至与之所学知识相匹配的岗位，使其学有所用，体现自身价值。学员培训后还能将所学知识技能传授给别人，即实现角色的转变。

（2）培训期间的激励　注意现场气氛的布置，营造一个舒适、活跃的环境，在时间上可根据学员实际情况灵活安排。

（3）培训后的激励　给予必要的奖励，如成绩优秀者可发给奖学金、报销学费，甚至与加薪、换岗、晋升（晋级）等结合起来。

培训本身就是一种投资，企业的员工晋升培训制度、对培训后的员工给予报酬与升迁等方面的激励，都是一种长期投资。这种投资使企业和员工获得了双赢，使员工的知识技能成为企业的无形资产。

复习思考题

1. 什么是职业培训？简述其意义？
2. 如何制订职业培训计划？
3. 结合培训工作实际，谈谈如何运用常用的和现代的教学方法。

第三章　施工现场管理

【培训目标】

技师不仅是技术能手，而且应该是施工现场管理的能人。通过本章生产组织、质量控制、安全生产等知识的学习，学员应掌握施工现场管理的基本理论和技能，使自己成为一名施工现场合格的指挥员。

第一节　生产组织管理

一、机械产品的结构和生产特点

机械产品一般由各种形状的零件组合成部件，再由各个部件结合成产品。这种部件组合式结构造成了生产组织的复杂性。机械产品的结构如图 3-1 所示。

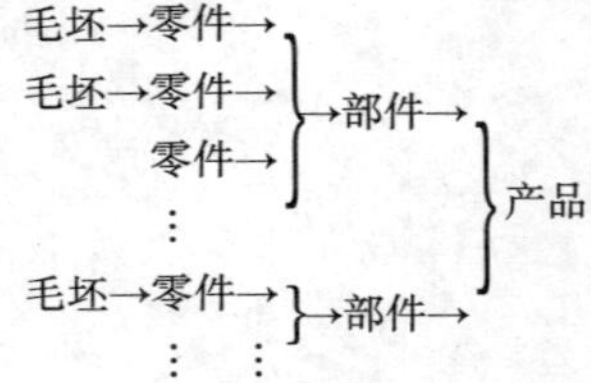

图 3-1　机械产品的结构

机械产品的上述结构的特点，产生了加工装配式的生产形式。而且，复杂的机械零件数目极多，并附有光、电、液等附加系统，20 世纪 70 年代以后引入了微机控制系统，这样使其产品的生产成为一个综合性技术的生产，更增加了机械产品生产过程的复杂性。

同时，当前机械产品的材料绝大部分是钢铁合金和各种金属，也有少量非金属材料。构成产品材料的复杂性又导致了加工工艺的复杂性。不同的金属材料往往会对加工设备和加工工具提出各自的特殊要求，这也使机械产品的生产组织更趋复杂。

此外，机械产品目前越来越精密化，因而对零件的加工要求和装配要求都越来越高，这就使机械产品的生产工艺过程越来越复杂，对机械产品的生产组织也有重大影响。

机械产品的上述结构特点，导致了机械工业生产上的以下特点：

1. 使用设备多

机械产品需要采用各种不同的机械加工设备，如锻、铸、焊设备，金属切削类设备（车、铣、磨、刨、钻），热处理设备，表面处理设备等。而各种不同类型的设备需要不同技术的工人操作，从而使机械工业中的技术工人成了机械工业生产的主力。

2. 协调配套生产工艺复杂

一个机械零件往往要经过多道加工工序，一道加工工序又往往要分解为多个工步。不同零件又有不同的加工路线。这就使产品的协调配套生产十分复杂和困难，因而对生产过程的计划管理要求高，难度大。

3. 装配组织形式多样

任何机械产品都需要经过零部件装配工序，而要完成装配工序，需要具备零件配套提供的条件，并且对装配的次序和装配质量的要求有严格的规定。由于产品的生产数量不同，因而装配组织形式也不相同。

4. 检验、试验类型多

为了保证机械产品的质量，在零件生产阶段、装配生产阶段以及产品制成以后，都要安排一定数量的检验、试验工序，而且由于产品复杂，其检验、试验的类型也多而复杂，这也增大了生产组织的难度。

为了寻找机械产品生产组织的规律，求得生产的最大效益，人们在实践中已经建立了图 3-2 所示的生产形态。

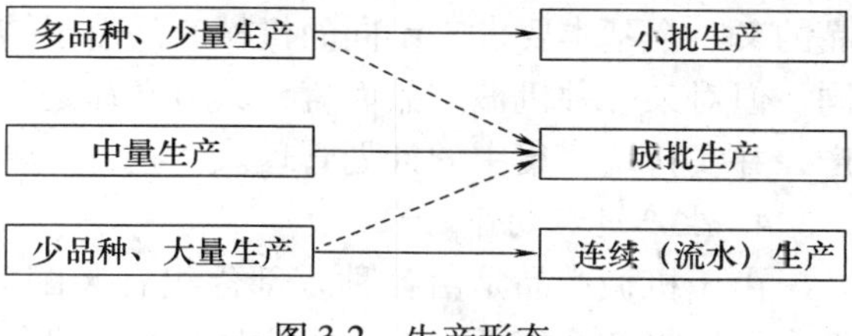

图 3-2 生产形态

不同的生产形态具有不同的生产组织特点和不同的经济效益。因此，如何在建立机械工业的生产系统时，恰当运用不同的生产形态的特点，就十分重要。

二、合理组织机械产品生产的要求

机械工业生产的复杂性必然导致机械工业生产组织的复杂性。在这种情况下要使机械工业生产获得良好的社会效益与经济效益，就必须保证机械工业生产组织具有如下基本要求。

1. 生产过程的连续性

生产过程的连续性是指机械产品的加工对象在生产过程各阶段中，应当连续不断地处于运动之中，不应发生中断、停歇等现象。因为只有保证生产过程的连续性，才可以缩短产品的生产周期，加速流动资金的周转，减少在制品的数量，提高设备和生产场地的利用率，从而降低生产成本，提高经济效益。

生产过程的连续性要求不仅是对机械产品，而且是对所有工业产品生产的共同要求。问题在于，由于机械产品生产过程的复杂性，要保持生产的连续性，其难度要比其他工业产品的生产困难得多，它与生产组织管理水平关系十分密切。生产组织水平高，生产的连续性就好；反之，生产组织水平不高，生产的连续性就会遭到破坏。

2. 生产过程的比例性

生产过程的比例性是保证机械产品生产过程连续性的前提条件。所谓比例性，是指机械产品的各生产过程（基本生产过程、辅助生产过程、附属生产过程等）之间、生产过程各阶段（毛坯生产阶段、零件加工阶段、部件和整机装配阶段）之间、各生产工序之间的生产能力，都应当保持适当的、符合产品生产要求的比例关系，这样才能使整个生产过程协调平衡，保证生产连续进行。如果上述各环节之间生产能力不平衡，就会造成一部分机器停止生产，使生产能力浪费，生产成本增加。

为了保证生产过程的比例性，要根据产品的特点，事先在安排生产时保证各部门之间的合理比例关系，使之符合生产计划的要求。当发生产品变换或某些生产环节的技术进步时，应当适时调整各个环节、各个方面的比例，使之符合新的情况。由此可见，比例性的概念是一个动态的概念，需要随时根据情况采取措施，恰当调节各部分之间的比例，使之合理化。

机械产品由于零件多、工序多、生产过程复杂，要保持各种比例关系难度很大，但是实践证明，只要采用科学的管理方法，合理调度，适时适度地保持机械产品生产中的比例性，还是可以实现的。而这往往是提高机械工业经济效益的一个重要手段。

3. 生产过程的节奏性

机械工业生产过程的节奏性，是指产品在生产过程中，各个生产阶段和各个工序之间都应当按照规定好的生产节奏进行生产，以保证能均衡地完成生产任务，在相同的时间内提供符合比例要求的配套的零部件，并以预定的节奏生产出机械产品。

生产的节奏性可以保证生产的比例性，并进而保证生产的连续性，所以它是组织机械产品的又一个基本要求。不同的机械产品由于结构不同，生产特点不同，故其节奏也不可能相同。但对某一种机械产品而言，其节奏却是一定的。所以在生产时，要按其节奏要求组织生产，并实行统一集中的计划管理。

4. 生产过程的平行性

由于机械产品是由各种零部件组合装配而成的，所以在组织生产时，为了缩短生产周期，可以将各个零部件互不干扰地平行地进行生产加工，同时也提供了社会专业化协作的可能性。充分利用产品生产的平行性，既可以大大缩短生产周期，又为专业化生产提供了客观条件，这两者综合的结果，可以使产品的生产达到高效率和高效益，而这正是机械工业管理所追求的目标。

机械产品生产过程中的平行生产程度既取决于具体企业的生产设备状况和生产能力状况，也取决于具体企业的外部环境条件，即专业化协作的程度。做好生产调度的任务之一，就是要安排协调好这种关系，使产品的生产过程能充分利用平行生产的有利因素，实现生产的高效率和高效益。

三、机械工业的生产组织体系

机械工业是近代工业中诞生最早的工业部门，长期的生存竞争和优胜劣汰，已经使机械工业生产组织体系形成了相应的有效模式，并且继续随着时代的进步而发展。从当前的情况看，机械工业的生产组织体系可以从两个方面来研究。

一是从社会专业化协作、企业横向联合及企业集团的组建等方面进行分类研究，这种分类方法主要是企业的管理者和高层次的生产组织者来考虑。二是从单个机械工业企业的生产组织形式进行分类研究。研究某一个独立的生产组织体系，一般是根据机械产品的生产数量来分析。由于社会对不同产品的需求量不一样，这就形成了针对不同需求量的机械产品的不同生产组织形式。

1. 连续生产方式

当产品的社会需求量很大时，同类零部件和产品的产量就很大，这时为了取得良好的经济效益，可以采用高效率的专用工具和专用设备以及流水生产线来组织生产。这样组织生产具有很多的优越性。如工作地专业化程度高，可以广泛采用为生产这种零件而设计的高效率机床和相应的工夹具，从而大大降低加工时间，提高生产效率；同时，可以制订准确而详细的计划，制订准确的工时和材料消耗定额，有利于控制生产消耗；生产工人由于长时间重复同样的工作内容使劳动的熟练程度大大提高，特别是当组织成流水生产线时，可按照预定的生产节拍在规定的时间内生产出产品来，从而使计划能准确地实现等。而这一切的必然结果，是大大提高产品的生产效率，降低生产成本，从而在满足社会需要的同时，为企业争取到良好的经济效益。

然而，连续生产方式也有其自身的弱点，主要表现在这种方式只能适应固定的产品，当产品的型号、规格发生变化时，原有的生产设备就难以适应，而必须重新设计制造新的设备和生产线。而由于社会的进步，人们的需求日益多样化，相应要求产品的多样化，从而使大量生产方式受到了挑战。现在正在通过采用新技术使生产线“柔性化”来解决这一矛盾。

2. 小批生产方式

如果用户对某种产品有特殊需求而需要的数量很少，甚至只有几台或一台，那么就无法采用大量生产方式，而只能采用小批生产方式。小批生产方式的特点是：采用通用设备和工夹具进行生产，以便当一种产品生产完成后，可以将同样的设备用于另一种产品的生产。由于只生产少量的产品，所以事先难以对生产中的消耗进行正确的计算与控制，生产的周期也难以正确确定；由于操作工人要经常变换加工的对象，所以需要较高的技术水平，而且生产效率往往不高等。由于这些特点，所以小批生产方式一般生产效率低而成本高。

尽管小批生产方式有其缺点，但仍然是社会需要的，特别适用于很多专用的非标设备生产。这种生产方式往往采用按工艺特点组织生产，而同一种加工工艺可以适应完全不同的产品。由于不同产品下相同工艺的加工对象也可以集中加工，从而在一定程度上收到大批生产的部分效果。成组加工技术就是在这种情况下发展起来的新型生产组织技术。

3. 批量生产方式

批量生产方式是介于大量生产方式与小批生产方式之间的一种生产方式。当产品品种较多，而每一种产品的产量又有一定数量时，可以采用这种方式生产。在组织这种生产系统时，往往采用将批量产品进行分解的方法，对其中一部分可适用于各种产品的相同零部件集中为相对大的批量，从而可以采用生产线、甚至流水生产线的方式来组织生产；而对其中另一部分专用性强的零部件，则在小批生产方式下按工艺共性进行生产，但在部分工序或加工环节上也可采用大批生产的一些做法。显然，批量生产方式下的产品生产成本将介于连续生产和小批生产之间。

上述三种生产组织方式各具优点，关键在于要根据实际情况灵活运用。为了取得连续生产下的“规模效益”，机械工业在组织生产体系时，应当采取各种措施，增加连续生产的生产组织方式。目前常采用的方法有：

1）进行企业间的合理联合，使达不到规模效益的企业联合起来共同生产同样的产品，合理分工，使之达到规模效益。

2）对类似产品进行合理分解，采用积木式结构，使尽可能共用的零部件能在不同产品之间通用，从而在每种产品达不到连续生产的条件时，其零部件可以达到连续生产的条件，取得连续生产的益处。

3）通过对零部件的标准化，专业生产各种不同机械产品上需要的共用零部件，使之达到连续生产的条件，取得连续生产的益处。例如通过标准化，使紧固件、连接件统一生产，企业只要进行选用即可。

4）采用成组加工技术，使结构不同的零件按照相同的“工序”加以组合加工，形成较大批量，取得连续生产的益处。

5）建立“柔性加工系统”（FMS），使同一条流水线或加工生产线可以适应不同产品的加工，而无需改变生产线上的设备，从而使产量不大的产品在柔性加工系统上可以一起加工，取得连续生产的益处。

上述各种方法，对于合理组织机械工业的生产系统都十分重要。作为一名技师，他所要组织生产管理的空间可能不大，但是应该掌握生产组织管理中上述的基本思想，再根据自己开展工作的范围大小和特点，制订出相应合理的生产组织计划。

四、日常生产的组织

为了保证生产作业计划的实现，很多技师必须承担日常生产活动的组织工作。

1. 日常生产的准备

为了掌握生产中的主动权，避免出现“忙乱”的被动现象，首先须做好日常生产的准备工作，使职工得心应手，发挥其应有的生产积极性。因此，做好日常生产的准备工作，是做好企业日常生产组织工作的重要组成部分。日常生产的准备工作，主要有以下几个方面的内容：

（1）技术资料的准备　图样、技术文件和资料等，是工人操作活动的技术依据，生产前应将生产作业计划和图样、技术文件、资料同时发给生产操作者，以便工人熟悉工艺并掌握操作要求。为使工人易于熟悉和掌握，资料、文件等要注意详略得当，与该工种无关的或超过工作范围的东西不要下发。

（2）工艺工件的准备　生产前，要把所需要的各种刀具、夹具、量具、模具等及时地送到工作场地，对一些关键的工艺工件要有配套工件，有一定的储备，并定期进行检查。

（3）机器设备的检修和调整　生产前要根据所安排的生产任务，把机器设备修理、调整好，并做好备品和备件的准备，以保证机器处于经常的良好状态。

（4）物资材料的准备　生产前要按照生产任务的要求，检查包括原材料、半成品、外购件、器材等在内的供应和储备情况以及运输和装卸工作的准备情况，仓库和供应部门应根据计划予以保证。

（5）劳动力的准备　生产前，要根据作业计划的要求，提前做好劳动力的配备工作，使各工序之间和各工种之间保持适当的比例，做到互相协调，减少劳动力浪费。

2. 日常生产的调度

（1）生产调度工作的任务　日常生产调度工作的任务，就是从实际出发，以生产作业计划为依据，合理组织日常生产活动，经常检查企业及各生产环节计划执行的情况，及时发现和正确处理生产中发生的矛盾，使生产过程中的各个环节都能协调起来，确保生产作业计划的完成。

（2）生产调度工作的内容　不同单位的日常调度工作，其具体内容是不相同的，但一般来说有以下几个方面：

1）根据生产作业计划的要求，检查生产准备工作的情况，协助和督促有关部门及时做好生产前的各项准备工作。

2）根据生产作业计划在品种、数量和时间上的要求，按日、班和小时组织各个生产阶段和各个工序的日常生产活动。

3）根据生产作业计划的执行情况，随时掌握生产进度，及时发现问题，查明原因，采取有效措施，包括在规定的范围内合理组织和调配劳动力。

4）掌握生产过程中各种物资的储备和配套情况，督促有关部门及时供应到位，以防供需脱节。

5）督促各生产单位合理地利用设备，做好设备的维修工作。机器设备出现故障时，要及时调整计划，同时组织抢修，以尽可能快地恢复生产。

6）检查班、日、旬、月计划完成情况的记录和统计资料，做好分析工作，并及时而系统地掌握生产进度情况，解决存在的问题。

7）掌握职工的思想动态，及时做好职工的思想工作。要搞好现场管理，做到现场整齐、清洁和场内运输畅通，实现安全生产和文明生产。

（3）生产调度工作的要求　调度工作必须有统一性和计划性。调度人员对自己调度范围内的工作，根据生产作业计划，进行统筹安排。调度工作要有预见性，预见生产发展趋势，不要等问题发生后再去处理，而要积极预防。这样，即使出了问题，也能及时采取有效措施加以解决，使调度工作具有主动性。调度工作必须具有全面性，要全面了解和掌握生产中的各种情况，加强调查研究，作出正确的判断，使问题得到合理的解决。调度工作必须具有及时性，做到大事不过天，小事不过班，急事不过夜，事事有着落，处理问题迅速而果断。

（4）生产调度的组织　各单位的生产调度可根据业务的特点和类型，确定其调度的组织形式，要明确专人负责。调度员要业务熟悉、作风良好、有组织能力，并有相应的权限和所负的责任。

第二节　产品质量管理

质量是产品的生命，也是企业的生命。对社会来说，产品的质量不仅代表了国家的生产技术水平与经济实力，而且直接影响经济建设的速度。

一、提高机械产品质量的重要性

机械产品的质量，能反映一个国家的科技和经济实力。当前我国机械产品比较突出的问题是质量不稳定、性能低、可靠性差，不能满足用户需要。尽管近年来在机械工业企业中大力推行了全面质量管理，建立质量保证体系，推行工艺突破口工作，对稳定和提高机械产品的质量，起到了重要作用。但是，也应看到，目前机械工业企业中的产品质量问题，仍是此起彼伏，时隐时现，并未彻底解决，甚至有的质量已相当稳定的产品有时也会出现各种质量问题，给社会和人民生活造成损失和不便。因此，继续加强机械工业企业产品的质量管理和质量控制，促进产品质量的不断提高，是我国机械工业的一项重要而长期的任务。

适应我国对外开放不断扩大的趋势，机械产品的出口量也在日益增长，已成为我国出口产品中不可忽视的重要方面。然而，参与国际市场竞争，最重要的是要保证机械产品的质量。只有质量达到国际水平，才能在国际市场上站稳脚跟，并不断扩大市场覆盖面和市场占有率，这对我国的机械工业产品质量提出了更高的要求。所以，花大力气提高机械产品的质量，不仅是国内经济发展的需要，也是开拓国际市场的需要。

二、大力推广全面质量管理技术

机械产品的质量管理，和其他工业产品的质量管理一样，都经历了质量检验阶段（20世纪20～40年代）、统计质量控制阶段（20世纪40～60年代）和全面质量管理阶段（20世纪60年代至今）三个发展阶段。在质量检验阶段，主要是由企业对生产过程中的半成品和最终产品按标准进行检验，把不符合产品标准的不合格品（包括废品）挑拣出来，以保证最终产品进入市场时的质量。这种做法对于保证产品满足用户的要求是十分必要的，但它有很大的局限性。第一，它是事后检查，不能预防不合格品的产生，因而难以减少企业的损失；第二，它需要对全部产品进行检验即进行全数检验，工作量大，检验费用高，不适用于大批量生产的产品和需要破坏性检验的产品。20世纪40年代初，质量管理发展到了统计质量控制阶段。在这一阶段，数理统计作为工具进入了质量管理。对于大量产品的生产，采用数理统计规律进行质量管理，可以事先发现，或在产生了少量废品时就发现，以及时采取对策措施，减少或防止废次品的产生，从而把质量管理推向了一个新的阶段，这是一项重大的进步。然而人们也发现，产品的质量问题不仅取决于生产过程的制造质量，而且更取决于制造之前的设计工作质量。如果设计人员事先对用户的要求了解不够，没有在产品的设计中充分反映用户的要求，那么，尽管生产制造过程中控制得很好，完全符合设计图样的要求，生产出来的产品也不会使用户满足，因而用户就不会承认这种产品是高质量的。与此同时，人们还发现，由于售中、售后服务不完善，用户不懂得正确使用和维护该产品而在使用中发生了各种问题，他们同样会埋怨企业生产的产品质量不好。正是在上述情况下，企业的质量观念又有了新的发展。20 世纪 50 年代后期，美国通用电器公司费根堡姆等提出了“全面质量管理”（TQC）概念，强调质量管理是公司全体人员的责任，将质量管理推进到一个全新的阶段。

全面质量管理作为一种现代化的质量管理方法，具有以下特点：

1）它十分重视于建立一套完整的高效率的企业质量保证体系，可以使企业产品的生产处于严格有效的控制之下，保证生产的产品达到预期的质量要求，充分满足用户的需要。正因为如此，企业可以对用户实行产品售出后的“质量担保”，从而大大增强了企业自身的竞争能力。

2）它十分重视对产品质量形成的全过程管理，即从市场调查用户需求，设计出符合用户需求的产品图样，生产制造出符合图样要求的产品，销售给用户后帮助用户正确使用，吸取用户使用后的意见以不断改进产品，对这整个过程的多个环节都实行质量管理。从上述“用户需求→设计产品→制造产品→售后服务→用户意见收集和反馈→进一步改进产品以更好满足用户需求”这样一个不断循环的过程中，达到争取用户，占领市场，实现企业自身的经营目标和任务的目的。

3）它十分重视产品质量形成全过程中各个环节的工作质量，并十分明确地认为：只有通过很高的工作质量，才能达到很高的产品质量。必须提高企业中各个环节的工作质量，才能达到提高企业产品质量的目的。因此，从抓产品质量的观点看，必须对企业生产经营中各个环节的工作质量给予十分重视和严格要求。这里的工作质量是指企业中与产品质量直接相关的各项工作对产品质量的保证程度。因此，通过抓工作质量，就可达到保证产品质量的根本目的。

4）它十分重视产品质量形成过程中人的主观能动作用，并提出了“全员质量管理”的概念。所谓全员质量管理，是指工厂中的全体职工，从厂长到工人，都与企业产品质量的形成有关，都对企业生产高质量产品承担着不同的责任。因此，为了实现企业生产高质量的产品的目标，必须充分发动全厂的职工都树立起现代化的质量意识，都能自觉地为实现企业产品的高质量而发挥自己的聪明才智，都能以高度的责任感对待自己的工作，通过高的工作质量来实现产品的高质量。

5）它十分重视质量成本分析工作，不是片面追求脱离实际的“高质量”，而是协调用户需求和生产成本之间的矛盾，力求在满足用户需求的前提下，以最小的成本来达到预期的质量。这一观点，对现代企业十分重要，因为现代企业的生产经营活动，是围绕着经济效益这一中心进行的，如果不顾效益，脱离实际地片面追求“高质量”，就会大大损害企业的经济效益。因此，质量成本分析，现在已成为全面质量管理的一个有机的组成部分。

综上所述，全面质量管理作为企业对产品质量进行管理的现代化先进技术，是争取市场竞争优势的重要手段。

三、做好企业内部的质量管理工作

作为一名技师，必须十分重视产品质量，运用全面质量管理的技术，做好企业内部的质量管理工作。为此，要抓好以下几方面的工作。

1. 不断宣传提高产品质量的重要性，普及全面质量管理的知识

要采取培训、开会、竞赛等多种形式，教育每一个职工树立“只有很高的工作质量，才能达到很高的产品质量”，“必须通过提高企业各个环节的工作质量，才能达到提高企业产品质量”的思想，从而达到人人努力做好本职工作，人人重视产品质量的目的。

2. 完善产品质量的保证体系

要从组织上和制度上使产品质量保证落到实处，落实到每一个班组、每一个职工的身上，使产品的全部生产过程，处于全面质量管理组织和制度的监控之下。

3. 抓好生产过程中的产品质量控制

抓好在生产过程中对产品质量的控制，是技师的主要任务。在生产过程中，操作工人、技术装备、原材料、工艺方法以及环境条件等是影响产品质量的要素，生产质量的重点是防止废、次品和其他质量事故的产生。要抓好产品的质量控制，就要严格执行工艺规程和工艺纪律，全面提高生产过程中保证产品质量的能力。质量隐患往往是由于缺乏良好的生产秩序、过硬的生产技术和整洁的工作场地造成的。因此，成品、半成品、毛坯的堆放、储运要有条不紊，设备和工作地段要清洁，布局要合理，要经常进行技术安全和质量教育，以保证产品质量目标的实现。

4. 把好检验质量关

检验质量是指制造出来的产品通过检测手段对产品质量的控制。为了保证产品质量，在制造过程中必须包括一个同时存在的检验过程。检验工作是整个制造过程中不可缺少的一道工序。它的具体任务是发挥“把关”作用，通过不同的检验方式和方法，及时发现问题，找出产品质量问题的原因，推动生产部门和工人采取预防措施，以保证不合格的原料不投产，不合格的在制品不转工序，不合格的成品不出厂，把废品、次品、返修品等减少到最低程度，使出厂的产品都符合规定的产品质量标准。

第三节 安全生产与环境保护

机械工业在生产过程中，客观上存在着不安全因素和环境污染问题，它威胁着职工的安全和健康，对生产中存在的不安全、不卫生因素如不进行预防、掌握和控制，就有可能发生事故，造成人员伤亡、设备损坏、生产中断甚至破坏环境。因此，做好安全生产、劳动保护和环境治理工作，是生产顺利进行的基本条件。

一、安全生产

1. 安全生产方针

我国的安全生产方针是“安全第一，预防为主”，切实保护劳动者的安全健康。

认真贯彻这一安全生产方针十分重要。我国是社会主义国家，必须对人民群众的安全和

健康负责。安全生产搞好了，劳动者在良好的劳动条件下进行生产，可以更好地发挥他们在生产中的积极性和创造性，从而提高企业的经济效益。反之，如果安全生产搞不好，事故频频发生，不仅会影响职工的安全和健康，而且在处理事故时，要消耗大量的人力、物力和财力，给企业和国家带来经济损失。

"预防为主"是抓好安全生产的重中之重。为了做好"预防为主"，必须做到以下两点：

1）加强安全生产的组织保证。各级劳动部门、行业管理部门和工矿企业，都要设置专职的安全机构，并配有专职安技人员。现在有些人认为，实行社会主义市场经济体制后，企业扩大了自主权，政府和行政主管部门对企业的安全生产、环境保护等可不再过问。这一观点是错误的。在市场经济条件下，政府和行政管理部门必须监督企业执行国家的各项法令、法规和政策。其中安全生产、环境保护，就是政府和行业管理部门必须加强的一项主要职责。现在有些地方安全事故上升，就是因为削弱了政府和行业管理部门对安全生产的监督、检查作用。企业也要建立安全生产的管理部门，贯彻执行安全管理方面的各项政策法令和规章制度，防止工伤事故。

2）建立安全生产管理制度。安全生产管理制度是企业规章制度的组成部分，它对贯彻安全生产方针，做为劳动保护工作，具有重要的作用。安全生产方针和劳动保护、环境保护等政策是通过安全生产的制度来体现的。它一方面可促使企业领导树立明确的安全与生产辩证统一的思想，在组织生产的同时考虑安全问题；另一方面，可以使职工按照安全生产的要求从事生产活动。这样，就把企业的安全和生产活动紧密地结合起来，使安全生产方针和劳动保护、环境保护等政策落实到生产活动的整个过程中去，落实到企业管理各个环节中去。

2. 工业安全生产的要求

工业生产，特别是机械产品的生产，一般周期长，工序多，所以涉及到的不安全因素就比较多。为了实现工业安全生产，应注意以下几点：

（1）对厂院的要求　机械工业企业的厂院一般较大，设备众多，原材料复杂笨重，交通运输车辆流量也大。为了保证安全生产，厂区必须做到整洁，道路平坦、畅通，有足够的照明，道路交叉处要设有明显的警告标志或信号装置。坑、壕、池应设围栏或盖板，建筑物要坚固。

（2）对工作场所的要求　机械工业的工作场所大多是在车间，也有少数是在露天、高空、管道、井下等。为了做到安全生产，工作场所应保持整洁，设备布置整齐美观，留有宽度不少于1m的通道，通道上不得堆放原材料、成品、工具等。工作场所的通风、照明、温度、湿度、尘毒、噪声等要符合国家卫生标准。特殊条件下的工作场所，应有相应的安全保护措施，如在有易燃易爆物品场所严禁烟火等。

（3）对机械设备的要求　机械工业的工作方式绝大多数要利用机械设备来进行，设备的品种、型号、性能、特点都不一样，其运行时如有不当，很容易发生事故。所以，操作机械设备的人员必须经过培训，有些设备的上岗要经过考核，合格者持证上岗，按劳动保护条例进行操作。设备的传动带、明齿轮、砂轮、电锯和接近于地面的联轴器、转轴、带轮和飞轮等危险部位应设防护装置；冲、剪设备，木工机械要有安全装置；起重机械标明起重吨位，并有卷扬限制器、起重量控制器、行程限制器、缓冲器、制动器、自动联锁装置和信号装置等。

（4）对电气设备的要求　从事电气工作的人员要有"电工操作证"，非电工人员不得自行安装、拆除、修理电气设备和电气线路。电气设备绝缘必须良好，设有保护装置，金属外壳要有保护性接地或接零的措施；机床局部照明和行灯的电压不能大于36V；在有粉尘工作场所应使用密闭式或防爆型电气设备。

（5）对锅炉和压力容器的要求　锅炉和压力容器是机械工业生产中不可缺少的动力和热能设备，具有高温、高压和动力性爆炸的特性，属于机械行业重要的特种设备。各种压力容器应装有安全阀（或防爆膜）、压力表、减压阀；乙炔发生器要有回火装置；蒸汽锅炉要有水位表；各种气瓶应配有安全帽、防振圈等安全附件，严防沾染油污，避免曝晒、碰撞、腐蚀，放置地点必须距明火10m以外。

3. 安全生产的组织和制度保证

技师应承担起自己所在部门的安全生产责任，特别是担任专职安技员的技师，责任更为重大，其主要任务是：贯彻执行安全管理方面的各项政策法令和规章制度；防止工伤事故，减少职业病和职业中毒；督促员工执行安全操作规程；经常进行现场检查，消除事故隐患；总结和推广安全生产的先进经验，对职工进行安全生产教育；参加伤亡事故的调查处理，进行伤亡事故的统计、分析，及时写出书面报告，协助有关部门提出防止事故的措施，并督促按期实现。

在建立健全安全生产管理制度时，首先要做好思想政治工作，发挥人的主观能动性。如果人们对安全生产重要性的认识不高，不遵守所定的制度，再好的制度也没有用。其次，所订的制度要做到一“明”、二“准”、三“严”、四“教”、五“奖罚”。“明”就是制度要简单明了，易懂易记，一目了然；“准”是各项规定要切合实际，不能要求太高，脱离实际，也不能太低，不起作用；“严”就是一旦公布执行，就要按章办事，严格执行；“教”就是要反复宣传教育，使广大职工懂得利害关系，自觉执行；“奖罚”就是要把贯彻安全生产制度和经济奖罚挂钩，做到奖罚分明。对于严重违反安全管理制度，特别是造成重大责任事故的，要进行处罚，有的还应担负刑事责任。

机械工业企业的安全管理制度很多，主要有：安全生产责任制度、安全奖惩制度、安全值班制度、安全教育制度、安全检查制度、工伤事故管理制度、危险作业管理制度、防暑降温防冻保暖管理制度、化学易燃品管理制度、防护用品管理制度、特种设备安全管理制度、工业卫生管理制度、电气安全管理制度、高空作业安全管理制度、消防管理制度、各工种安全技术操作规程等。此外，还应有环境保护管理制度、女工特殊保护制度等。贯彻好这些制度，就能做到安全促进生产，使生产发展得更快、更好。

二、职业危害与防护

1. 坚持以预防为主的方针

职业危害因素影响人体健康，造成职业性疾病。机械工业职业危害的特点是：行业多，职业危害量大面广。

机械工业生产中，职业危害严重的行业有：以矽尘危害为主的铸造生产，可造成职工的矽肺及铸工尘肺；电碳、电瓷、磨料磨具、石棉等行业生产中的各种粉尘，可使劳动者患相应的各种尘肺病；涂装作业及焊接作业危害更为普遍，接触人数多，可造成操作者苯中毒、电工尘肺及锰中毒；蓄电池行业的铅、仪器仪表行业的汞危害，仍然较严重；绝缘材料及电线电缆的生产过程中，各种职业危害因素同时存在，可造成多种职业危害。另外，高温、噪声、振动和射线等物理因素，因接触的人数多而普遍，也是机械工业生产中的主要危害之一。

机械工业行业多，生产工艺复杂，多种职业危害因素联合作用于同一生产作业场所。在加强科学管理的同时，必须采取综合治理措施，优选最佳卫生技术工程方案，以便最大限度地消除和减少职业危害。

职业性疾病是人为的疾病，其特点是：有明显的病因，控制病因，可以预防疾病；生产过程中存在职业危害，必须有人接触的机会并达到一定的接触量，即有了适当的条件，才能使人患病，控制此条件，就可以避免得病；具有从轻到重，从可逆到不可逆的过程，因而发现越早，及时采取措施，康复越容易。从以上几个特点看，职业病是可以预防的疾病。因此职业危害的防护应坚持以预防为主的方针。

近代预防医学的发展，把预防对策划分为三级。即根本上使劳动者不接触职业危害因素，称之为一级预防；早期检测发现危害，及时遏制，这是二级预防；职业疾病明显，在治疗的同时，需防止病情恶化或发生并发病，促使早日康复，这是三级预防。

由上而论，职业危害预防的主要任务，不是治疗已病的职工，而是治疗“有病”的生产过程。所以，根本办法在于实施一级预防。早期检测及时发现危害采取二级预防措施，也是非常重要的。而且，早期检测可以补救卫生技术措施的缺陷，又能促进卫生技术措施的改善。另外，危害因素的侵袭，常是防不胜防的，所以治疗也是必不可少的。不少职业病治疗效果不明显，有不少职业病目前尚无治疗方法，只能对症处理，不能使病人完全康复，因而治疗终究是一个补救的对策。

从以上三级预防来看，防与治是相辅相成的关系，但应以防为主，不能并立，更不能以治代防。预防手段主要有以下几个方面：

（1）技术预防措施　控制尘、毒和物理危害因素，不让它从生产过程中散发出来危害职工。

（2）卫生保健措施　从医学卫生方面直接保护从事有害作业的工人。

（3）组织管理措施　树立法制观念，加强对职业卫生的管理，改善劳动条件。

（4）个人防护措施　使用防护用品，防止有毒物料、有毒气体和粉尘污染人体和物理有害因素对人体的危害。

（5）监测手段　用监测仪器，定期测定生产过程中有毒气体、粉尘浓度和各种物理因素的强度。

2. 机械工业职业危害的主要防护对策

通风工程、除尘、排毒、隔热、放射性防护等是职业危害预防应用的基本技术手段。

（1）通风工程　工业通风的主要任务是利用工程技术手段，合理组织气流，控制或消除生产过程中产生的粉尘、有害气体、高温和湿度，把新鲜的或经过专门处理的清洁空气送入车间内，达到保护工人身心健康的目的。

通风方法按动力的不同分为自然通风和机械通风；按换气原则分为全面通风、局部送风和局部排风。

自然通风是靠外界风力造成的风压和室内外空气的温度差，在进、排气口空气交换造成的热压，使空气流动的一种通风方式。热压与室内外温差成正比，与气楼高度成反比；风压则与建筑形状有密切关系，迎风面为正压，背风面为负压。因此，在厂房设计时，应根据产品工艺的需要，尽量用好自然通风。

机械通风是利用通风机产生的压力，使进入车间的新鲜空气和从车间排出的污浊空气沿风道主、支网络流动，沿途的流体阻力由风机克服。机械通风能根据不同要求提供动力，能对空气进行加热、冷却、加湿、净化处理，并将相应设备用风道连接起来，组成一个机械通风系统。这是机械工业最常用的防护对策。

全面通风是在车间内全面地进行通风换气，以维持整个车间工作地带范围以内空气环境的卫生条件。全面通风可以利用自然通风实现，也可以借助于机械通风来实现。要使全面通风发挥其应有作用，首先要根据车间用途、生产工艺布置、有害物散发源位置及特点、人员操作岗位和其他有关因素合理地组织气流，然后根据计算和实际调查资料取得热、湿、有害气体散发量数据，以便确定合适的全面通风换气量。

局部通风主要应用在高温车间。常用的方法主要有风扇、喷雾风扇、空气淋浴等。

局部排风又称为局部抽风，它的作用是在有害物产生源处将其就地排走或控制在一定范围内，保证工作地点的卫生条件。生产车间防尘、防毒、防暑降温，广泛采用局部排风系统。

（2）除尘工程　除尘工程是指利用各种物理方法，将含尘气流中的尘粉分离收集的工程技术设备。依收采的方法，除尘设备分为单机除尘器和通风除尘设备。

单机除尘器集通风和除尘装置于一体，用于捕集磨床和其他机床产生的金属、塑料、木材等在机械加工时产生的切屑和粉尘，也用于排除焊接烟尘和含尘有毒气体。

通风除尘设备是与通风系统连接的防尘设备，用于捕集车间和设备的粉尘。通风除尘设备种类很多，主要有重力除尘器、旋风除尘器、脉冲袋式除尘器、冲击式水浴除尘器、电除尘器等，可根据实际需要选用。

（3）排毒工程　排毒工程是指将通风排气中有害气体净化排放或回收利用的工程技术设备。有害气体或蒸气的净化方法有燃烧法、冷凝法、吸收法、吸附法和中和法。通风排气中有害气体的净化，多采用吸收法和吸附法两种。

吸收法是用液体吸收剂处理有害气体或蒸气，使其溶解于液体中，以达到净化的目的。

吸附法是用多孔性的固体吸收剂处理有害气体或蒸气。使有害气体或蒸气被吸附在固体表面上，以达到净化的目的。

（4）物理危害因素防护　隔热、防噪、电磁辐射防护和放射性防护是物理危害的工程控制。

1）隔热。隔热就是隔断热物体的辐射热作用，是针对高温车间而采取的技术措施。主要方法有两种，第一种称为建筑物隔热，如外窗遮阳、屋顶隔热、屋顶淋水等；第二种称为设备隔热，常用的热绝缘材料有草灰、泥土、石棉、矿渣棉等。用草灰加石棉做成的草灰板，包在炉壁外面，隔热效果可达90%左右。设备的热屏蔽用玻璃板、隔热水幕、遮热板等。

2）防噪。防噪就是防止噪声对人体的危害。隔声、吸声、消声是噪声控制工程的主要技术措施。隔声结构有隔声室、隔声罩、隔声屏等。吸声的吸声材料是一些多孔性的材料，如玻璃棉、矿渣棉、木板、微孔吸声砖等。消声器是一种允许气流通过而阻止或减弱声能传播的装置。以上防噪的技术措施，可根据生产需要、适用范围选用。

3）电磁辐射防护。电磁辐射防护就是应用屏蔽与接地，防止电磁辐射对人体的伤害。屏蔽的作用是将电磁能量限制在规定的空间里，阻止其传播。常用的屏蔽材料有黄铜板、铝板、铁丝网等。接地是指能够将射频场源屏蔽体或屏蔽部件所产生的感生电流迅速引流，造成等分布的措施。接地方式有埋铜板、埋接地棒、埋格网等形式。

4）电离辐射防护。电离辐射防护就是X射线、γ射线、β射线等照射防护，分为时间防护、距离防护和屏蔽防护。以上防护可单独使用，也可结合使用。时间防护，人体所接受的剂量与照射的时间成正比，因此，尽量减少射线对人体的照射时间；距离防护，点状放射源周围的剂量率与离源的距离平方成反比，因此人在操作时尽量离射源远点；屏蔽防护，操作强度较大的α放射线物质时需用封闭式手套，操作强度较大的β放射线物质时，内层先用原子序数低的材料，如铝、塑料、有机玻璃等屏蔽，外边再用原子序数高的材料，如铁、铅等屏蔽。γ射线和X射线都有很强的穿透能力，因此防护的屏蔽物质要具有高密度，但从经济角度考虑，常采用铁、铅和水泥。

三、工业生产的环境保护

1. 机械工业的“三废”与污染

工业生产过程中产生的废水、废气、废渣，即所说的工业“三废”，它们主要产生在冶金、化工和轻工三大行业中。机械工业虽是产生“三废”较轻的行业，但也占有一定的比例。据日本的资料统计，工业废气污染事故中机械工业占4.5%；在工业废水污染事故中，机械工业占5.1%；在工业煤烟污染事故中，机械工业占18.2%；在工业粉尘污染事故中，机械工业占13.5%。随着现代工业的发展和产品品种的不断增加，在工业“三废”中许多新的有害成分及其危害事故也在不断增加。对于工业“废渣”问题，近年来已引起人们的重视，这些废渣中含有许多宝贵的原料，是综合利用的重要资源，但机械工业产生的许多废渣还没有被利用，反而造成了许多危害。如铸工车间每座冲天炉每年排出数百吨炉渣，如不及时处理，势必与农争田，或流入河床淤塞水道等。在工业“三废”中，废渣的处理是不容忽视的，但尤以工业废水和工业废气的污染危害性最为严重。

机械工业废水的主要污染源是电镀和金属表面处理。由于在电解、熔融及酸、碱洗涤等过程中，排水所含毒物较多，其中氰化物、酸、碱、铬、镍、锌等含量较高，这些污染物有的是有毒性，有的还有剧毒性，它们通过鱼类、农产品以及肉蛋乳类浓缩吸收的途径，对人类产生危害。

机械工业废气的主要污染源是各种燃烧装置。在燃烧过程中要产业大量的粉粒、粉尘和气体，这些气体中有害的成分主要是二氧化氮、二氧化硫、一氧化碳和其他有机物、酸类等，它们污染大气后的危害主要表现在对人体健康、物品以及农作物和植物等方面。对人体健康的影响有以下几种：①引起急性疾病及死亡；②引起慢性疾病的恶化（例如慢性支气管炎、肺气肿、肺病、肾脏病等）；③引起身体机能的障碍（例如肺气泡的气体交换、血液循环等）；④引起其他症状（例如眼睛受到刺激、呼吸困难、窒息等）。大气污染对物品的损害大致可分为两类，一类是由于大气中的污染物化学作用使物品变质或腐蚀；另一类是物品的表面受到沾污。大气污染对农作物和植物也有一定的危害，据美国统计，美国农业在1965年因大气污染损失了五亿美元；又据日本报告，川崎市东部工业区排出的废气，使当地农作物减产，特别是1952年和1955年曾两次几乎使水稻没有收获。

2. 机械工业环境污染防治的基本途径

治理环境污染，主要靠政府和企业，也要靠全体人民共同的努力。技师作为企业的高级技术人才，也应该掌握治理环境污染的基本方法，用以指导自己的工作。

（1）结合工业调整，改善不合理布局 我国的环境污染严重，工业布局不合理是一个重要原因，特别是那些处于市区、居民区、水源地、风景游览区有污染源的工业企业，给环境造成很大的影响。所谓改善不合理布局，主要包括两个方面的内容：第一是把那些处于不合理位置的工厂采取限期治理、停产或搬迁，机械行业的一些铸造、锻造、电镀、热处理等生产点都应本着这一精神，调整其布局；第二是调整不合理的工业结构和产品结构，将污染严重的工业或产品，转为无污染的工业或产品，例如，机械工业的仪器仪表行业，应淘汰含汞的产品。

（2）结合技术改造，防治工业污染 工业污染是在生产过程中产生的，污染物产生的多与少，是与使用的技术和装备直接相关的。我国工业污染严重，一条主要原因是技术落后、工艺陈旧、设备老化。因此通过技术改造，改变技术装备的落后状态，是提高产品质量，增加企业经济效益的需要，也是控制污染、改善环境的根本途径。例如，有些铸造企业，改造了老式的冲天炉，建有烟气净化、煤气回收、余热利用等装置，即节约了资源、能源，又消除了“黄龙”的污染。总之，企业的技术改造要依靠技师和广大职工共同动手来做，技师们经验丰富，手艺高超，在技术改造中改变技术装备的落后状态，是大有可为的。

（3）开展资源、能源的综合利用 工业污染的来源主要是两个方面：一是物料的流失，二是能源的浪费。如果我们采取综合利用的方法，就可以化害为利。机械工业综合利用的范围大致有三个方面：一是回收“三废”资源，或以“三废”为原料，生产新的产品，例如有些企业对工业废水（如金属切削冷却液）进行处理与循环利用，有的企业将煤灰送出制砖等，都是很好的方法；二是余热利用，机械工业生产过程中有大量的物理热和化学热可以加以利用；三是可燃气回收，机械工业中的高炉煤气、焦炉煤气均可回收利用。

（4）加强企业的环境管理 企业环境管理主要包括四个方面：第一，明确企业对国家、对社会应负的保护环境的责任，这是企业环境管理的根本出发点，这就必须贯彻执行国家发布的一系列环境保护法令；第二，建立工业企业环境保护考核制度，这是加强企业环境管理的重要措施，国务院已颁发了《工业企业环境保护考核制度实施办法》，确定“把主要污染物排放量”和“污染物排放达标率”作为考核工业企业环境保护的指标；第三，把企业的环境管理纳入企业厂长承包责任制的内容之一，促使企业领导重视环境保护工作；第四，广泛开展无污染工厂的活动，对环保工作先进的单位进行表彰和奖励。

3. 机械工业要为环保提供尽可能好的机械产品

机械工业是国民经济的装备部。为了搞好环境保护，治理工业污染，首先要提高机械工业产品质量，使其产品在使用过程中所排放的“三废”达到国家规定的排放标准。如汽车工业的飞速发展，要求汽车的废气排放达标，否则将严重影响城市的环境。机械工业所生产的锅炉，必须淘汰热效低、耗能高、污染严重的老式锅炉，而应生产配备有除尘器的高效新式锅炉。所生产的石化机械、食品机械、纺织机械等，要消灭或减少它的“跑、冒、滴、漏”现象，这也是减少污染源的重要前提。

其次，机械工业要为各行各业提供尽可能好的环保机械。环保机械是机械工业的一个重要方面，在治理工业“三废”污染中，都离不开环保机械。如除尘设备、噪声控制设备、可燃气回收设备、废水处理设备等，都需要机械工业来提供。因此，这就要求机械工业行业的广大职工，发挥聪明才智，积极研究控制污染的新技术、新工艺、新设备，为防治污染、改善生态、促进四化、造福人民作出应有的贡献。

复习思考题

1. 机械工业生产有哪些特点？在组织生产时有哪些要求？生产组织体系有哪些方式？
2. 什么是全面质量管理？有哪些特点？
3. 我国的安全生产方针是什么？工业安全生产应注意哪些问题？
4. 结合自己工作的实际，谈谈生产中有哪些职业危害？如何加以防护？

第四章 现代管理

【培训目标】

通过本章学习，了解现代管理的几种管理模式和基本内容，树立起现代管理的基本思想和方法，以利指导在实际工作中自觉地加以运用。

第一节 精益生产管理

一、精益生产的诞生

1985年初，在美国麻省理工学院成立了国际汽车计划（IMVP）研究机构，该机构对全世界90多个汽车制造厂生产轿车或载重汽车的问题展开全面的调查，包括市场估计、产品设计、细节设计、单个工厂的经营和最终产品的销售与服务等。通过几十位专家历时5年的调查和对比分析，认为日本丰田汽车公司的生产方式是最适用于现代制造企业的一种生产管理方式。所以，由三位计划领导人研究总结，将调研结果写入《改变世界的机器》一书，并以丰田生产方式（TOYOTA Praduction System，TPS）为基础提出了精益生产。

精益生产是战后日本汽车工业遭到“资源稀缺”和“多品种、少批量”的市场制约的产物，它是从丰田相佐诘开始，经丰田喜一郎及大野耐一等人的共同努力，直到20世纪60年代才逐步完善而形成的。

二、精益生产的基本理念和实质

精益生产是以用户为上帝，以人为中心，以精简生产过程为手段，以产品的零缺陷为最终目标，它既是一种以最大限度地减少企业生产所占用的资源和降低企业管理和运营成本为主要目标的生产方式，同时它又是一种理念、一种文化。“精”体现在质量上，追求“尽善尽美”和“精益求精”；“益”体现在成本上，成本越低，越能为客户创造价值，企业的效益越能体现。实施精益生产就是决心追求完美的历程，也是追求卓越的过程，它是支撑个人与企业生命的一种精神力量，也是在永无止境的学习过程中获得自我满足的一种境界，其最高境界就是：精益求精，尽善尽美。

精益生产的实质是管理过程，包括人事组织管理的优化，减少组织层次和非生产直接人员，实现分布式平行网络的管理机构；推行生产的均衡化、同步化，实现零库存的柔性生产；推行全生产过程（包括整个供应链）的质量保证体系，实现零不良；不断改善产品质素，实现零缺陷；减少和降低任何环节上的浪费，实现零浪费。最终实现拉动式准时化生产方式，以最优品质、最低成本和最高效率对市场作出最迅速的响应。

三、精益生产的主要方法

1. 拉动式（Pull）准时化生产（Just In Time，JIT）

（1）生产同步化　即工序间不设仓库，要求前一工序加工完的零件立即转入下一工序，各工序几乎平行生产；后工序只在需要的时刻到前工序领取需要的数量，前工序只补充生产被领走的品种和数量。因此，生产同步化通过“后工序领取”的方法来实现。

（2）生产均衡化　即后工序在生产周期内向前工序提出的产品需求达到恒定，领取的频次等速，实现品种与数量的均衡；前工序按后工序的要求准时、匀速地生产产品，保证对后工序供应的准时化。

（3）组织生产运作　组织生产运作是依靠看板进行，即由看板传递工序间的需求信息。

JIT 的内涵是：品种配置上，保证品种有效性，拒绝不需要的品种；数量配置上，保证数量有效性，拒绝多余的数量；时间配置上，保证所需时间，拒绝不按时的供应；质量配置上，保证产品质量，拒绝次品和废品。

2. 全面质量管理（TQC）

全面质量管理有三个核心的特征，即全员参加的质量管理、全过程的质量管理和全面的质量管理。

（1）全员参加的质量管理　全员参加的质量管理即要求全部员工，无论高层管理者还是普通职员或一线工人，都要参与质量改进活动。参与“改进工作质量管理的核心机制”，是全面质量管理的主要原则之一。

（2）全过程的质量管理　全过程的质量管理必须在市场调研、产品的选型、研究试验、设计、原料采购、制造、检验、储运、销售、安装、使用和维修等各个环节中都把好质量关。其中，产品的设计过程是全面质量管理的起点，原料采购、生产、检验过程是实现产品质量的重要过程；而产品的质量最终是在市场销售、售后服务的过程中得到评判与认可。

（3）全面质量管理　全面质量管理是用全面的方法管理全面的质量。全面的方法包括科学的管理方法、数理统计的方法、现代电子技术、通信技术等。全面的质量包括产品质量、工作质量、工程质量和服务质量。

另外，全面质量管理还强调以下几点：

1）用户第一的观点，并将用户的概念扩充到企业内部，即下道工序就是上道工序的用户，不将问题留给用户。

2）预防的观点，即在设计和加工过程中消除质量隐患。

3）定量分析的观点，只有定量化才能获得质量控制的最佳效果。

4）以工作质量为重点的观点，因为产品质量和服务均取决于工作质量。

3. 团队工作法（Teamwork）

（1）团队工作小组的综合性　团队成员强调一专多能，不强调过细的分工和专业化，而注重培养“多面手”，实行“多工序管理、多机床操作”的劳动组织形式，以达到充分利用生产工人的作业时间，提高人工作业率，节省人力以及提高生产操作柔性和趣味性的目的。

（2）团队工作小组的平行性　在新产品开发时，产品设计、工艺准备和生产准备等各个阶段可以平行交叉地进行，以缩短生产周期，快速响应市场需求。

（3）团队工作小组的自主性　团队工作小组成员在自己的工作范围内有充分的自主权，可根据上级的方针目标，针对共同关心的问题，自主选择课题、分析现状、设定目标、讨论和实施对策、确认效果、实施准时化、总结进展和发表成果等。自主管理活动的内容则涉及解决现场的安全、节能、设备、质量、信息、计量、生产、成本、管理等方面。

（4）团队工作小组的信任　团队工作小组的基本氛围是信任，以一种长期的监督控制为主，而避免对每一步工作的稽核，提高工作效率。

（5）团队工作小组的变动性　团队的组织是变动的，针对不同的事物，建立不同的团队，同一个人可能属于不同的团队。

4. 并行工程（Concurrent Engineering）

美国防务研究所在1988年正式提出并行工程概念，这是一种以动态优化的方法处理新产品开发的管理思想和管理方法。这种方法要求产品开发人员从一开始就考虑到从产品的概念设计到产品消亡的整个产品寿命周期中的所有因素，包括设计、制造、质量、成本、作业调度及用户需求等，改变传统的“设计—制造—使用”的串行工作方法。

1）在产品开发的各个阶段，由设计师、工程制造师、质量管理师及各类支持人员共同工作，将概念设计、结构设计、工艺设计、最终需求等结合起来，从而使企业生产活动中的各类信息可以交互，保证以最快的速度按要求的质量完成。

2）各项工作由与此相关的项目小组完成，进程中小组成员各自安排自身的工作，但可以定期或随时反馈信息并对出现的问题协调解决。

3）依据适当的信息系统工具，反馈与协调整个项目的进行，利用现代CIM技术，在产品的研制与开发期间，辅助项目进程的并行化。

四、精益生产的基础工具——“5S”

“5S”即整理（SEIRI）、整顿（SEITON）、清扫（SEISO）、清洁（SEIKETSU）、素养（SHITSUKE），是精益生产的基础工具。企业在生产过程中实施“5S”，是通过规范现场、现物，营造一目了然的工作环境，培养员工良好的工作习惯，消除工厂中出现的各种不良现象，改善产品品质，提高生产力，降低成本，确保准时交货，确保安全生产并保持员工的高昂士气。

1. “5S”的内容

（1）整理　将工作场所任何物品明确地、严格地区分为有必要的与不必要的，并把不必要的物品及时处理掉，对需要的物品调查使用频度，决定日常用量及放置位置。其目的是腾出空间，活用空间，防止物料的误用、误送，塑造清爽的工作场所。

（2）整顿　对整理后留在现场的必要的物品分门别类放置，排列整齐，划线定位，明确数量，并进行有效地标识。其目的是使工作场所一目了然，工作环境整齐，消除或缩短寻找物品的时间，消除过多的积压物品。

（3）清扫　将工作场所清扫干净，保持工作场所有干净、亮丽的环境。其目的是消除脏污，保持职场内干净、明亮，以稳定产品品质，减少工业伤害。

（4）清洁　将上面“3S”的实施制度化、规范化，并贯彻执行及维持结果。其目的是维持以上的“3S”成果。

（5）素养　通过晨会等手段，提高全员文明礼貌水准，遵守各项规则，培养每位员工养成良好的习惯。其目的是培养具有良好习惯、遵守规则的员工，以提高员工的文明水准，使其具有良好的团队精神。

2. 实施“5S”的效能

（1）提升企业形象　整齐清洁的工作环境，不仅能使员工的士气得到提升，还能增强顾客的满意度，有利于吸引更多的顾客与企业进行合作。因此，良好的现场管理是吸引顾客、增强顾客信心的最佳广告，并成为其他企业学习的对象。

（2）增加员工的归属感和组织活力　在干净整洁的环境中工作，员工的尊严和成就感就可得到一定的满足。由于“5S”要求进行不断地改善，因而可以带动员工进行改善的意愿，使员工更愿意为“5S”工作现场付出爱心和耐心，进而培养“工厂就是家”的感情，使得每位员工都变成为有修养的员工。由于员工有了尊严感和成就感，也就会尽心尽力地完成工作；同时也有利于推动意识的改善，员工能积极实施合理化提案以及改善活动，进而增加了组织的活力。

（3）减少浪费　企业实施“5S”的最大目的是减少生产过程中的浪费。由于工厂中各种不良现象的存在，在人力、场所、时间、士气、效率等多方面造成了很大的浪费，而实施“5S”后企业可明显减少人员、时间和场所的浪费，降低产品的生产成本，其直接效果就是为企业增加了利润。

（4）确保安全生产　由于生产场所清洁，物料摆放有序，通道畅通，因此可避免大小事故的发生，确保安全生产。

五、精益生产的现场应用

1. 看板生产制

在精益生产 JIT 体系中的看板生产制，即看板管理，就是在木板或卡片上标明零件名称、数量和前后工序等事项，用以指导和制止过量生产，控制加工件的数量和流向。看板既是生产与物流搬运指示信息的传递工具，又是控制在制品（物料）的管理与改善工具。看板生产制在现场的推行应具备相应的基础条件：

1）建立“拉动式”的生产物流体系。

2）在整个工艺流程中规划“看板”的传递方式与存储区域。

3）在制品（毛坯或零部件）的存储要有明确的区域与量化标准。

4）严格遵守生产与物流搬运指示信息由看板传递的运行规则。

5）要配置相应的看板传递、存放的道具。

2. 小批量生产

随着经济的高速发展和市场的成熟，市场的需求频繁变化，这就使“尽量扩大生产批量，以求得数量效益”的生产方式变得不再适用。在精益生产中为适应“多品种、少批量、短交期”的市场需求，生产系统追求柔性与快速反应能力，普遍采用“多频次、少批量、混线”的生产与搬运作业。在此情况下，势必造成换产频繁，制造成本提高，但在必须采取这种作业方式条件下，就要把着眼点集中在解决快速换产、缩短换产时间的改善活动上。

3. 缩短生产周期

为达到降低在制品的存储量与快速对应市场需求的目标，缩短制造系统的反应周期至关重要。制造系统包括三个过程周期，即生产信息处理周期、生产周期、销售物流周期。

缩短生产信息处理周期的改善活动，可以采用“看板”或 ERP 系统作为信息传递的工具，将得到良好的效果。

生产周期的长短取决于两个因素，即各工序生产能力与生产作业、物流搬运的组织形式。提升生产能力的改善活动，大部分与技术改造工作密切相关，要求进行大量的资金投入，企业负担较重。生产作业、物流搬运组织形式的改善活动，是对生产组织形式的变革，资金投入很低，适于企业的推行。

缩短销售物流周期的改善活动，将会随着物流资源的整合有所改善，如第三方物流企业的发展等。

4. “均衡化生产”（计划）组织

企业为降低采购成本，其中一种方法是在加强自身市场预测能力与设定合理成本、零部件（毛坯）存储的条件下，引入“均衡化生产”的理念，对生产组织与几级供货企业的供货规则进行改善活动，实施供应链管理。从供应链管理的理念出发，前后工序应是一种互利合作、双赢的经营战略，这就要求前后工序必须按生产均衡化和同步化的要求均衡组织生产，并均衡组织物流供应。

第二节　制造资源计划 MRPⅡ

制造资源计划即 MRPⅡ（Manufacturing Resource Planning）是美国在 20 世纪 80 年代提出的一种现代企业生产管理模式和组织生产的方式。它是以物料需求计划（Material Requirement Planning，MRP）为核心的企业生产管理计划系统。

一、物料需求计划 MRP

物料需求计划 MRP 是 20 世纪 60 年代初由美国生产与库存管理协会（American Production and Inventory Control Society）提出的，这是一套以库存控制为核心的微机软件系统。它的问世标志着现代企业管理软件的发展开始起步。MRP 系统将物料需求计划、能力需求计划、车间作业计划和采购作业计划整合在一起形成一个封闭的系统。其原理是：根据长期生产计划制定短期主生产计划，而这个主生产计划必须经过生产能力负荷分析，然后再执行物料需求计划、能力需求计划和车间作业计划。在计划执行过程中，将来自车间、供应商和计划人员的反馈信息，进行计划的平衡调整，从而使生产计划方面的各个子系统得到协调统一。其工作过程是一个“计划—实施—评价—反馈—计划”的封闭循环过程。

MRP 解决了企业物料供需信息的集成，有助于缩短生产周期和节省库存成本，但由于它没有融入管理信息，因此不能够解读企业的经营效益。

二、MRPⅡ的基本原理

MRPⅡ是在 MRP 的基础上，将物流、信息流和资金流集成于一体，其基本原理为：从物流的角度看，基于企业经营目标制定生产计划，围绕物料转化，组织制造资源，实现按需要按时进行生产。具体地说，是将企业产品中的各种物料分为独立需求物料和相关需求物料，并按时间段确定不同时期的物料需求，从而解决库存物料订货与组织生产问题；按照基于产品结构的物料需求组织生产，根据产品完工日期和产品结构规定生产计划；根据产品结构的层次从属关系，以产品零件为计划对象，以完工日期为计划基准倒排计划，按各种零件与部件的生产周期反推出它们的生产与投入时间和数量，按提前期长短区别各种物料下达定单的优先级，从而保证在生产需要时所有物料都能配套齐备，不要过早积压，达到减少库存量和资金占用的目的。

从资金流的角度看，以 MRP 的产品结构为基础，从最底层采购件的材料费开始，逐层向上将每一件物料的材料费、人工费和制造费（间接成本）累积，得到每一层零部件直至最终产品的成本，再进一步结合市场营销，分析各类产品的获利性；MRPⅡ把传统的账务处理同发生账务的事务集成在一起，不仅能够说明账务的资金现状，而且还能说明资金的来龙去脉，实现了“物流（实物账）”和“资金流（财务账）”的同步运作，改变了 MRP 资金信息滞后于物料信息的状况，便于企业决策者进行实时决策。

从一定意义上讲，MRPⅡ系统实现了物流、信息流与资金流在企业管理方面的集成，并能够有效地对企业各种有限制造资源进行周密计划和严格的控制，以保证其得到最充分、有效的利用，达到企业生产经营最佳效益，提高企业的竞争力。

三、MRPⅡ的逻辑结构

根据制造资源计划 MRPⅡ原理所设计的软件，由于各软件商设计的思路及方法不同，各种软件上所配备的 MRPⅡ模块的划分也不完全一致，但是，由于 MRPⅡ的原理是一致的，因此，它们的逻辑功能是相同的。MRPⅡ的逻辑模块如图 4-1 所示，各逻辑模块的功能为：

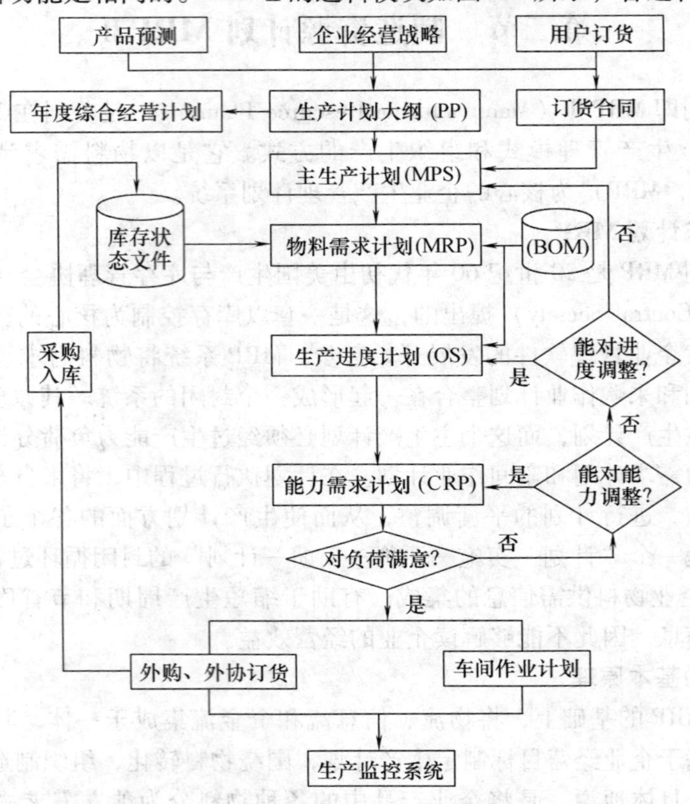

图 4-1 闭环 MRPⅡ决策逻辑模块

MRPⅡ的入口是订单及预测，由它产生预测与生产要求，并以此制定生产计划大纲（PP）。

主生产计划（MPS）是将生产计划大纲规定的产品系列转换为特定产品、部件的计划，依此来编制物料需求、生产进度与能力需求训划。MPS 对 MRP 起主导作用。

物料需求计划 MRP 是 MRPⅡ的微观核心部分，它将 MPS 产品级的计划输入至物料需求计划，同时制造标准数据中物料清单（BOM）和库存管理中的库存状况信息，输入至 MRP 模块，通过毛需求量、净需求量计算，直接指挥和控制自制件的生产数量、进度及外购件的采购计划（包括数量、配套日期等）。

生产进度计划（OS）是零件或部件一级的作业进度计划，是继主生产计划规定的产品出产期（或交货期）和MRP规定的相关零部件及其工艺路线、生产周期之后，并结合交货合同规定、期量标准，以倒排顺序方式来制定每个零部件的投入、出产期。能力需求计划（CRP）是寻求能力与任务的平衡方案，它接受来自零部件生产计划和制造标准中工序和工作中心数据以及采购实际信息，经过处理产生能力需求计划，即自制品生产作业详细计划和生产负荷标准的计划。

采购和物料计划管理根据MRP采购订单，生成要外加工计划，进行外协加工、采购计划、收料、检验、供应商管理。

库存管理接受来自采购的收料入库信息，为MRP和订单及预测管理提供库存状况和为车间控制提供委外加工订单信息。

MRPⅡ是一个集成度相当高的信息系统，除了以上的基本模块外，对于不同生产模式和管理方法，MRPⅡ软件也提供如重复制造、配销需求计划、账务管理、成本效益分析等模块。目前，MRPⅡ的实用性已进一步扩展，组成了企业资源计划ERP。

第三节　企业资源计划ERP

企业资源计划ERP（Fnterprise Resource Planning）是美国著名咨询公司Gartner Group于1990年初提出的，它由MRPⅡ发展而来。

一、ERP的特点

从MRP到MRPⅡ再到ERP，是制造业管理信息集成的不断扩展和深化，每一次进展都是一次重大的质的飞跃，都导致了更大规模的信息集成。与MRPⅡ相比，ERP有如下特点：

1）ERP是一个面向供需链管理的管理信息集成，它能够对供应链上的所有环节，诸如订单、采购、库存、计划、生产制造、质量控制、运输、分销、服务与维护、财务管理、投资管理、经营风险管理、决策管理、获利分析、人事管理、实验室管理、项目管理等，进行有效地管理，在管理的跨度和深度上为企业提供了丰富的功能和工具，使全球范围内的多工厂、多地点的跨国经营成为现实。

2）ERP是计算机技术和网络通信技术的最新成就，它广泛采用了图形用户界面技术、面向对象技术、关系数据库管理系统、SQL结构化查询语言、计算机辅助软件工程、Client/Server技术、分布式数据处理技术，以及适用于网络通信技术的编程软件等先进技术，从而具有较宽的适应面。

3）ERP系统常常是与BPR联系在一起的，它给企业带来的是革命性的变化。

二、ERP的管理思想

1）对整个供应链资源进行管理，将经营过程中的有关各方供应商、制造工厂、分销网络、客户等纳入一个紧密的供应链中，以供应链的形式参与市场竞争。

2）实现精益生产、同步工程和敏捷制造，根据用户需求组织生产和选择合作伙伴，在客户、销售代理商、供应商、协作单位之间建立利益共享的合作伙伴关系，共享资源，提高整体的快速反应能力。

3）实现事先计划与事中控制相结合，将计划、事务处理、控制与决策功能有机地整合在供应链的业务处理流程中，实现物流、资金流和信息流的同步运行和分析，改变了传统的企业资金信息滞后于物料信息的状况，改进事中控制，推进实时决策，提高企业的应变能力。

三、ERP 的主要功能模块

ERP 在纵向上整合了企业的决策信息系统、管理信息系统和操作信息系统，缩短了企业决策层与操作层的距离，促进了企业组织的“扁平化”变革；在横向上整合了企业的生产控制、物流管理、财务管理和人力资源管理等功能模块，带动了企业业务流程的重组。ERP 的主要功能模块包括：

（1）财务管理模块　一般的 ERP 软件的财务部分分为会计核算与财务管理两大部分，会计核算主要是记录、核算、反映和分析资金在企业经济活动中的变动过程及其结果，由总账、应收账、应付账、现金、固定资产、多币制等部分构成；财务管理的功能主要是基于会计核算的数据，再加以分析，从而进行相应的预测、管理和控制活动，侧重于财务计划、控制、分析和预测。

（2）生产控制管理模块　生产控制管理模块是 ERP 系统的核心，是一种以计划为导向的先进的生产管理方法，包括主生产计划、物料需求计划、能力需求计划、车间控制、制造标准等子模块。

（3）物流管理模块　物流管理模块包括分销管理、库存控制和采购管理三大部分。分销管理是从产品的销售计划开始，对其销售产品、销售地区、销售客户各种信息进行管理和统计，并可对销售数量、金额、利润、绩效、客户服务作出全面的分析，大致包括客户信息的管理和服务、订单管理、销售的统计与分析等三方面的功能；库存控制系统用来控制存储物料的数量，以保证稳定的物流支持正常的生产，但又最小限度地占用资本；采购管理确定合理的定货量、优秀的供应商和保持最佳的安全储备，建立供应商的档案，用最新的成本信息来调整库存的成本，能够随时提供定购、验收的信息，跟踪和催促对外购或委托加工的物料，保证货物及时到达。

（4）人力资源管理模块　人力资源管理模块的主要功能包括人力资源规划的辅助决策、招聘管理、工资核算、工时管理和差旅费的核算等。

到 20 世纪 90 年代后期，ERP 的引进推动了我国企业信息化的发展。从 1997 年至今，已有一大批大中型企业耗巨资引入 ERP 来建设企业的信息化系统，这对企业信息化的发展和现代管理水平的提高发挥了很大的推动作用。

第四节　ISO 9000 族标准

一、什么是 ISO

ISO 是“国际标准化组织”的简称，现有 117 个成员国和地区，其日常办事机构是设在瑞士日内瓦的中央秘书处。ISO 的宗旨是促进世界标准化及其相关活动的开展，以便于商品和服务的国际交流，在智力、科学、技术和经济领域开展合作。

ISO 通过它的 2856 个技术机构开展技术活动，其中技术委员会（简称 TC）共 208 个，分技术委员会（简称 SC）共 611 个，工作组（简称 WG）2022 个，特别工作组 38 个。

ISO 的 2856 个技术机构开展技术活动的成果（产品）是“国际标准”。ISO 现已制定出国际标准共 10300 多个，主要涉及各行各业各种产品（包括服务产品、知识产品等）的技术规范。

ISO 制定的国际标准除了有规范的名称之外，还有编号，编号的格式为：ISO + 标准号 + ［杠 + 分标准号］ + 冒号 + 发布年号（方括号中的内容可有可无）。例如：ISO 8402：1987、ISO 9000-1：1994 等，分别是某一个标准的编号。

二、ISO 9000 族标准的产生

ISO 9000 不是指一个标准，而是一族标准的统称，根据 ISO 9000-1：1994 的定义：ISO 9000 族是由 ISO/TC176 制定的所有国际标准。

TC176 即 ISO 中第 176 个技术委员会，它成立于 1980 年，全称是“质量保证技术委员会”。1987 年又更名为“质量管理和质量保证技术委员会”，专门负责制定质量管理和质量保证技术的标准。

TC176 最早制定的一个标准是：ISO 8402：1986，名为《质量—术语》，于 1986 年 6 月 15 日正式发布。1987 年 3 月，ISO 又正式发布了 ISO 9000：1987、ISO 9001：1987、ISO 9002：1987、ISO 9003：1987、ISO 9004：1987 共 5 个国际标准，与 ISO 8402：1986 一起统称为“ISO 9000 系列标准”。

此后，TC176 又于 1990 年发布了 1 个标准，1991 年发布了 3 个标准，1992 年发布了 1 个标准，1993 年发布了 5 个标准。1994 年没有另外发布标准，但是对前述“ISO 9000 系列标准”作了统一修改，分别改为 ISO 8402：1994、ISO 9000-1：1994、ISO 9001：1994、ISO 9002：1994、ISO 9003：1994、ISO 9004-1：1994，并把 TC176 制定的标准定义为“ISO9000 族”，1995 年，TC176 又发布了一个标准，编号是 ISO 10013：1995。2000 年 12 月 15 日，ISO 又发布了 2000 版的 ISO 9000 系列标准。

三、ISO 9000 族标准的构成与应用步骤和方法

1. ISO 9000 族标准的构成

2000 版的 ISO 9000 系列标准，把原来的 9000 族系列标准精简为如下 4 个标准：

1）ISO 9000：2000《质量管理体系—基础和术语》；

2）ISO 9001：2000《质量管理体系—要求》；

3）ISO 9004：2000《质量管理体系—业绩改进指南》；

4）ISO 19011：2000《质量和环境管理体系—审核指南》。

以上 4 个标准为核心标准，其中的 ISO 9001：2000《质量管理体系—要求》是必须执行的，用于企业建立质量管理体系并申请认证。它主要通过对申请认证组织的质量管理体系提出各项要求来规范组织的质量管理体系。该标准主要分为五大模块的要求，这五大模块分别是：质量管理体系、管理职责、资源管理、产品实现、质量分析和改进。其中每个模块中又分有许多分条款。随着 2000 版标准的颁布，现全世界有 90 多个国家和地区都采用新版的 ISO 9001：2000 标准申请认证，我国的标准代号为：GB/T 19000 族。国际标准化组织鼓励各行各业的组织采用 ISO9001：2000 标准来规范组织的质量管理，并通过外部认证来达到增强客户信心和减少贸易壁垒的作用。

四、应用 ISO 9000 族标准的步骤和方法

建立一个有效的质量体系必须根据不同情况恰当选择和应用 ISO 9000 族标准的方法，按科学的步骤进行。

1）研究 ISO 9000 族标准，深刻理解其内涵、组成、用途及应用规则。

2）组建质量体系。

3）确定质量体系的要素。

4）建立质量体系。其步骤包括：选择质量保证模式（考虑设计过程的复杂性、设计成熟程度、制造的复杂性、产品或服务的特性和安全性、经济性）；合同前的评价；签订合同；对合同草案的评审；供方建立质量体系。

5）质量体系的正常运行。包括：编制质量体系文件；配备资源和人员；质量体系的运行等工作。

6）质量体系的证实。

五、TQC（全面质量管理）与 ISO 9000 族标准的关系

TQC 与 ISO 9000 族标准都是长期以来国际质量管理理论、方法及经验的总结、发展和完善，其基本理论基础、基本内容和要求是一致的。但也存在一定差别性：一方面，TQC 是供应者（制造厂）本身的质量保证程序，而 ISO 9000 族标准是以采购者的立场所规定的质量保证程序，并经过第三方替顾客进行质量审核认证，证明该供应者的产品是按照 ISO 9000 族标准的质量体系生产的；另一方面，TQC 所包含的内容比 ISO 9000 族标准更全面、系统、深刻，是提高产品质量的有益手段，特别是 TQC 强调以人为本，突出质量的不断改进、提高，这是难以用标准规范的，过分强调标准的作用，会使质量管理工作缺乏创造性。但 ISO 9000 族标准是 TQC 的最基本要求，是推行 TQC 的基础，可使推行 TQC 少走弯路，易见成效，贯彻 ISO 9000 族标准可促进 TQC 的发展并使之规范化，还可与国际合作伙伴进行双边或多边认可。当然 ISO 9000 族标准也可从 TQC 中吸取先进的管理思想和技术，不断完善标准。两者各有所长，相辅相成。

六、其他国际标准

1. ISO 1400 系列标准

由于世界环境的日益恶化，引起了全世界的普遍关注，为顺应国际环境保护的发展，依据国际经济贸易发展的需要，国际标准化组织（ISO）于 1993 年 6 月成立了第 207 个技术委员会（IOS/TC207）——环境专业委员会，开始制定和实施一套环境管理的国际标准，并于 1996 年 7 月公布了 ISO 1400 系列标准。该环境管理体系标准号从 14001 至 14100，共 100 个标准号，目前正式颁布的有 ISO 14001、ISO 14004、ISO 14010、ISO 14011、ISO 14012、ISO 14040 等 6 个标准，其中 ISO 14001 是系列标准的核心标准，也是唯一可用于第三方认证的标准。

ISO 14000 系列标准同 ISO 9000 族标准有许多相似之处，但 ISO 14000 的制定和颁布将对质量管理和质量保证，特别是质量改进提出更严、更高的要求。不仅要保护和提高产品的基本性能，而且还要提高更加广泛的环境特性。

2. SA 8000 国际标准

SA 8000 即“社会责任标准”，是 Social Accoutability 8000 的英文简称，是全球首个道德规范国际标准。其宗旨是确保供应商所供应的产品，皆符合社会责任标准的要求。

SA 8000 规定了企业必须承担的对社会和利益相关者的责任，对工作环境、员工健康与安全、员工培训、薪酬、工会权利等具体问题制定了最低要求，例如禁止雇佣童工和必须消除性别或种族歧视等。SA 8000 也有管理体系和持续改进的要求，有一套由第三方认证机构审核的国际标准，但 SA 8000 只有一个国际统一认证机构——SAI（Social Accountability International），即社会责任国际。

SA 8000 标准主要取自于国际劳工组织公约、世界人权宣言和联合国儿童权利公约，它是随着发源于20 世纪末期的西方企业社会责任运动而发展起来的。2001 年 12 月，SAI 发布了第一个修订版——《SA 8000：2001》。目前，企业要加入跨国公司的全球产业链，都要通过 SA 8000 认证，或者该企业要根据 SA 8000 进行社会责任审核。

复习思考题

1. 精益生产有何特点？
2. “5S” 的内容是什么？
3. 简述 MRPⅡ的基本原理。
4. ERP 的特点是什么？
5. 什么是 ISO？

第五章 高新技术

【培训目标】

本章介绍了机械工业最前沿的一些高新技术，这些技术在生产实际中越来越多地得到应用。通过本章的学习，学员可以了解一些高新技术的基础知识，达到开阔眼界的目的，为进一步学习打下基础。

第一节 机电一体化技术

一、机电一体化的基本概念和主要特征

1. 基本概念

“机电一体化”是微电子技术向传统机械工业渗透过程中逐渐形成的一个新概念，它是机械学、电子学、计算机科学和信息科学等不断发展、相互渗透和综合应用的产物。20 世纪 70 年代初，日本学术界率先提出将机械学（Mechanics）和电子学（Electronics）两个词分别掐头去尾组成一个新词“Mechatronics”，译作“机械电子学”或“机电一体化”，从此便形成了一个新的研究学科，并逐渐为各国学术界所接受和重视。

“机电一体化”具有“技术”与“产品”两方面的内容：“机电一体化技术”是机械、微电子、计算机和自动控制技术有机结合的一门交叉型复合技术；“机电一体化产品”指的是以机械产品为主体，实现机械、电子、信息等技术互相结合、融为一体的产品和系统。因此，机电一体化具有下列两方面含义：

1）机电一体化是多学科、多技术相互交叉和相互渗透的新兴学科，是集机械技术、电子技术、计算机技术、传感技术、自动控制技术等现代高技术于一体的产物。它将使系统或设备达到高精密化、高柔性、高效率、智能化，并具有高可靠性和低成本。

2）在机电一体化产品或系统中，各学科、各技术之间不是简单地相互替代或叠加，而是按系统工程的科学方法进行优化组合，不分主次和最好地达到了预定的功能目标。

2. 机电一体化产品的主要特征

机电一体化是在信息论、控制论和系统论基础上建立起来的应用技术。机电一体化产品则是一个完整的系统，它有效地改变了传统机械产品的面貌，赋予机械产品以新的活力。同时也促进了电子技术的发展，扩大了电子技术的应用领域。不论机电一体化产品规模的大小，功能的多少，结构的简单或复杂，都具有许多有益的特征。其中最主要的是：

（1）整体结构最佳化　在传统的机械产品中，为了增加一种功能，或实现某一种控制规律，往往靠增加机构的办法来实现。例如，为了达到变速的目的，出现了一系列齿轮组成的变速器；为了控制机床的走刀轨迹而出现了各种形状的靠模等，但是随着电子技术的发展，人们逐渐发现，过去笨重的齿轮变速器可以用轻便的电子调速装置来代替；精确的运动规律，可以通过计算机的软件来调节。由此看来，在设计机电一体化产品时，对某一功能的

实现，供选择的方案大大增加。也就是说，可以从机、电、硬、软四种方案中去选择，设计出整体结构最佳的产品。

机电一体化的实质是，从系统的观点出发，应用机械技术和电子技术进行有机地组织、渗透和综合，以实现系统整体最佳化。因此，对人材的要求应是既懂机又懂电的复合型人材。

（2）系统控制智能化 这是机电一体化与传统的工业自动化最主要的区别之一。电子技术的引入，不但显著地改变了传统机械那种单纯靠操作人员，按照规定的工艺顺序或节拍，频繁、紧张、单调、重复的工作状况，而是靠电子控制系统，按照预定的顺序一步一步地协调各相关机构的动作及功能关系。有些高级的机电一体化系统，还可以通过被控制的数学模型根据任何时刻外界各种参数的变化情况，随机自寻最佳工作程序，大多数机电一体化产品都有自动控制、自动检测、自动信息处理、自动修正、自动诊断、自动记录、自动显示等功能。在正常情况下，整个系统按照人的意图（通过给定的指令）进行自动控制，一旦出现故障，就会自动采取应急措施，实现自动保护。

（3）操作性能柔性化 计算机软件技术的引入，不但能使机电一体化装置和系统的各个传动机构的动作，通过预先给定的程序，一步一步地由电子系统来协调，而且在需要改变传动机构的运动规律时，无须改变其硬件机构，只要调整由一系列指令组成的软件，就可以达到预期的目的。这种软件可由工程人员根据要求的操作规律事先编好，装入机电一体化系统的存储器中，对系统机构动作实施控制和协调。例如数控机床，人们可以通过改变控制软件，加工出不同形状的零件。

3. 机电一体化的相关技术

机电一体化系统是多学科交叉型和复合型的综合系统，是机械技术、传感与检测技术、伺服传动技术、数控技术、自动控制技术、计算机与信息处理技术、系统技术等多学科技术领域综合交叉的技术密集型系统工程。现将几种主要的基础技术介绍如下：

（1）机械技术 机械技术是机电一体化的基础。在机电一体化产品中，机械技术不再是单一地完成系统间的连接，而是在系统结构、重量、体积、刚性与耐用性方面对机电一体化系统有着重要的影响。机械技术的着眼点在于如何与机电一体化的技术相适应，利用其他高新技术来更新概念，实现结构上、材料上、性能上的变更，满足减少重量、缩小体积、提高精度、提高刚度、改善性能的要求。

（2）传感与检测技术 传感与检测装置是系统的感受器官，它与信息系统的输入端相连并将检测到的信号输送到信息处理部分。

传感技术或传感器技术是利用各种功能材料及其物理特性实现信息检测的一门应用技术，它是检测原理、材料科学、信号处理和制造工艺等要素有效结合的产物。

检测原理是指传感器工作时所依据的物理效应、化学反应和生物反应等机理，而功能材料则是传感技术发展的物质基础。此外，传感技术的研究和开发，不仅要求原理正确、选材合适，而且要求具有先进的、高精密度的制造工艺和装配技术。在某些传感器系统中，有时还必须对测得的信号进行处理后再输出。

（3）伺服传动技术 伺服传动包括电动、气动、液压等各种类型的传动装置，由微型计算机通过接口与这些传动装置相连接，控制它们的运动，带动工作机械作回转、直线以及其他各种复杂的运动。常见的伺服执行元件有电液马达、脉冲液压缸，步进电动机、直流伺服电动机和交流伺服电动机。由于变频技术的突破性进展，为机电一体化系统提供高质量的伺服驱动单元，极大地促进了机电一体化技术的发展。

(4) 数控技术　数控技术就是数字程序控制技术，它的兴起已取代了传统的继电器程序控制、插板式程序控制技术，尤其是PLC的发展，使数控技术又被推向前进。它首先在机床制造业中应用和发展，很快应用至轻纺工业、仪表领域及其他生产设备，如锻、冲压设备，激光加工，以及工业机器人坐标测量等。

(5) 自动控制技术　自动控制技术范围很广，控制技术的内容极其丰富，例如高精度定位控制、速度控制、自适应控制、自诊断、校正、补偿、再现、检索等。

(6) 计算机与信息处理技术　信息处理技术包括信息的交换、存取、运算、判断和决策，实现信息处理的工具是计算机，因此计算机技术和信息技术是密切相关的。在机电一体化系统中，计算机与信息处理部分指挥整个系统的运行。信息处理是否正确、及时，直接影响到系统工作的质量和效率，因此，计算机应用和信息处理技术已成为促进机电一体化技术发展和变革的最活跃的因素。

(7) 系统技术　系统技术就是以整体的概念组织应用各种相关技术，从全局角度和系统目标出发，将总体分解成相互有机联系的若干功能单元，以功能单元为子系统还可继续分解，直到能够找出一个可以实现的技术方案。而接口技术是系统技术中的一个重要方面，它是实现系统各部分有机连接的保证。接口包括电气接口、机械接口、人-机接口等。人-机接口提供了人与系统间的交互界面。

二、机电一体化系统的基本构成

1. 机电一体化系统的总体结构

机电一体化系统（或产品）大都可分成主系统、子系统、元器件三个层次。子系统和元器件所采用的形式和内容，必须依据系统所需实现的目标和功能，按系统工程原则进行规划，作出最优设计，使系统或设备达到高性能、高效率、高可靠性、低成本、柔性化和智能化。其主系统一般可由机械本体系统、执行系统、检测传感系统、信号处理和控制系统以及动力源系统等五部分组成。图5-1所示为机电一体化系统的总体结构。

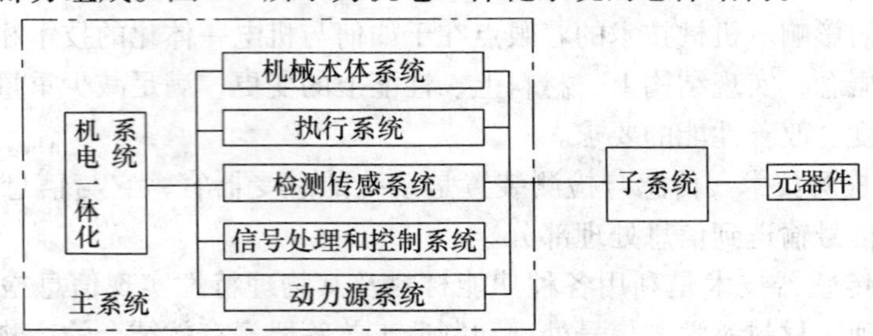

图5-1　机电一体化系统的总体结构

主系统中各分系统的功能如下：

(1) 机械本体系统　机械本体系统是机电一体化产品的机械主体结构和各功能系统的支撑部件。对于在原有机械产品中增加电子装置以提高性能，或用电子装置取代原有机械部件的机电一体化产品，其机械本体部分基本上就是原来机械部分的结构或是在原来机械结构上略加改进的结构。但是，不论是哪一种情况，机电一体化产品往往对其机械本体提出更高的技术要求，如应具有更高的精度、刚度、耐磨性、稳定性和可靠性要求。例如工业机器人的机身、数控机床的床身、立柱等机械部件，都属于机械本体系统。

（2）执行系统　执行系统是根据信号处理和控制系统发出的指令后进行动作，以执行和具体实施这些指令的系统，它保证指令目标的实现。例如，数控机床的伺服驱动电动机、滚珠丝杠，机器人的伺服驱动系统和手部、腕部机构等，均属于执行系统。

（3）检测传感系统　检测传感系统由一系列各式传感器组成，它们相当于人的眼、耳和其他感觉器官。这些传感器用来感受机电系统及技术处理过程的状态信息，执行系统输出的实际动作信息，对系统的运行进行监视检测，同时将感受采集到的信息或状态参数反馈输送至信号处理和控制系统。在检测传感系统中，为了将感受到的各种物理量参数转换成信号处理系统能操作的信息数据，往往还配置有各种信息转换元器件。

（4）信号处理和控制系统　信号处理和控制系统是机电一体化产品和系统的主控系统，它相当于人的头脑，通常都由计算机、微处理器、单片机或可编程序控制器组成，有时俗称电脑系统。该系统接受检测传感系统发来的参数信号进行综合处理或运算，并与预先输入的系统优化指标进行比较，作出是否需要对系统的技术处理过程进行校正或补偿、系统运行是否正常等判断，然后向机械本体中的执行系统发出相应的命令。

（5）动力源系统　在机电一体化产品中除常用的电力源外，有时还会有其他动力源，如液压源、气压源、用于激光加工的大功率激光发生器等，组成一个动力源系统。动力源系统向机电产品的各功能系统供应能量，以驱动它们进行各种运动和操作。

2. 机电一体化系统的功能构成

机电一体化产品主系统的五个组成系统都是产品的功能系统，它们之间存在着信息流、能源流、物质流相互依存的关系。图 5-2 所示为机电一体化产品主系统中的物质流、信息流和能量流关系图。

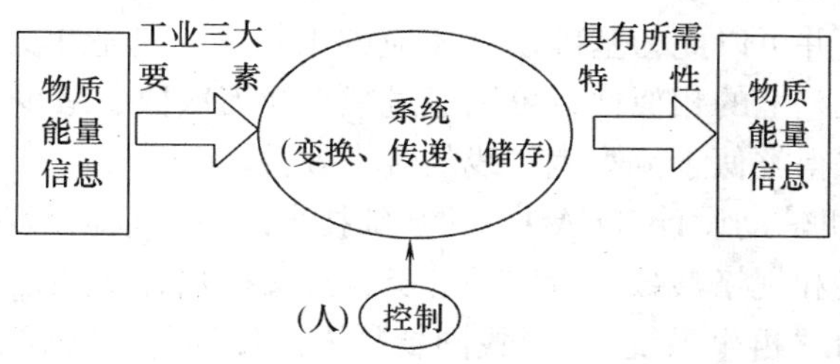

图 5-2　物质流、信息流和能量流关系图

机电一体化系统（或产品）是由若干具有特定功能的机械与微电子要素组成的有机整体，具有满足人们使用要求的功能（目的功能），根据不同的使用目的，要求系统能对输入的物质、能量和信息（即工业三大要素）进行某种处理，输出所需要的物质、能量和信息。因此，系统必须具有三大“目的功能”，即变换（加工、处理）功能、传递（移动、输送）功能、储存（保持、积蓄、记录）功能。

三、组建机电一体化系统的常用基本单元技术

组建机电一体化系统用的基本单元技术主要有数控（NC）机床、柔性制造系统、工业机器人、自动运输系统、自动化仓库、计算机辅助设计/工艺/制造（CAD/CAPP/CAM）、仿真技术、成组技术（GT）和计算机数据库（DBS）等，现将其中主要的技术介绍如下：

1. 数控（NC）机床

数控机床是按数字形式给出的指令进行加工的机床。简单地说，它是由计算机进行控制，按计算机给出的指令对产品加工的机床。它由程序编制及程序载体、输入装置、数控装置（CNC）、伺服驱动及位置检测、辅助装置、机床本体等几部分组成。数控机床具有精度高、效率高、经济效益好、能适应小批量多品种复杂零件加工及有利于生产管理现代化等优点，是现代化机械加工的重要机电设备，因此在机械加工中得到日益广泛的应用。

数控机床的品种很多，根据加工、控制原理、功能和组成等，可以从加工工艺方法、控制运动轨迹和驱动装置特点三个角度进行分类，如：按加工工艺方法分为金属切削类数控机床、特种加工类数控机床和板材加工类数控机床；按控制运动轨迹分为点位控制数控机床、直线控制数控机床和轮廓控制数控机床；按控制装置的特点分为开环控制数控机床、闭环控制数控机床、半闭环控制数控机床和混合控制数控机床。

目前，数控系统技术的突飞猛进，为数控机床的技术进步提供了条件，数控机床现在正向高速、高效、高精度、高可靠性、复合化、多轴化、智能化、网络化、柔性化和绿色化等方向发展。数控机床技术的进步和发展为现代制造业的发展提供了良好的条件，促使制造业向着高效、优质以及人性化的方向发展。可以预见，随着数控机床技术的发展和数控机床的广泛应用，制造业将迎来一次足以撼动传统制造业模式的深刻革命。

2. 成组技术（GT）

成组技术是当今制造业中既简单而又极其重要的概念。它是根据各种零件在外形和加工过程方面的相似性，把零件进行族类分组，并抽出它们的特征进行编码存放到工程设计数据库，在新产品设计时可在其中找到相同或类似的族类，然后按类输入到相应的工作站或加工中心进行数据修改后加工的一种技术。利用 GT 技术，可以把品种繁杂、规格多样和数目庞大的零件，归结为有限的零件族。在同一族中的零件具有几何形体、物理特性、质量或加工工艺等方面的相似性，并可以此为基础建立相应的工作站、制造单元、加工中心或生产线。由于同族零件在加工工艺上的相似性，可以通过减少换刀次数、减少工艺变动等方法，使批量生产的加工车间能取得类似于流水生产线的规模效益。

GT 技术也是计算机辅助设计（CAD）的基础技术之一。根据 GT 技术，可把各类产品、部件和零件的主要功能和规格参数进行归纳分类，经编码后存入工程设计数据库。当接受新产品设计任务后，利用“再生系统”，寻找同新品零部件编码相同或类似的族类，然后根据新品的规格对相同或类似族类的标准设计和标准工艺进行“翻版”或适当修改。这样，就可以把新品中的绝大部分零部件很快地设计出来，只存下少数有特殊要求的零部件才需要重新设计，因而可以大大地缩短工程设计周期，并使设计和工艺趋于标准化。到 20 世纪 80 年代中期，美国已经有 50% 的制造企业采用了各种形式的 GT 技术。

3. CAD/CAPP/CAM 技术

（1）计算机辅助设计（CAD） CAD 的产生和应用使工程设计向无“纸”上作业的方向迈进，并缩短了由设计到制造的距离。一个较完整的 CAD 一般均包含产品设计 CAD、部件设计 CAD、零件设计 CAD、工程分析和三维仿真等部分。产品设计 CAD 执行总体方案、布局与选型、成本分析和方案评价等功能，并分解出各功能部件模块，根据产品的性能、规格的要求，确定出各部件应有的性能、规格和参数。部件设计 CAD 是根据产品 CAD 对部件设计规定的要求，执行部件方案及造型设计、部件结构、成本分析和性能评价等功能。零件设计 CAD 是依照部件设计 CAD 的要求，执行图形生成、工程分析、特征处理等功能。

工程分析软件一般包含有限元分析软件、模态分析软件、计算机辅助试验软件等，如果需要还可增加热力学和流体力学等分析计算软件。通过工程分析可完成物体的静态结构和动态特性的优化设计。

三维仿真软件使设计者在产品制造出来之前就能看到所设计物体的立体图形，并可检验零部件装配时在空间有否相干（碰撞）的现象。

CAD 到目前已经历了如下三代：

第一代 CAD 实质上是一个二维的计算机绘图系统，设计人员利用计算机生成线条构成图形的功能，替代人在“纸”上制图和绘制草图、蓝图的过程，提高了设计和修改设计的功效。

第二代 CAD 是一个三维的设计系统，具有平面生成功能，并可把设计数据直接送入 CAPP/CAM，产生数控程序，在设计和制造之间建立起了快速而直接的联系。

第三代 CAD 在完成设计后能直接生成实体模型，这是 CAD 和快速零件制造技术（缩写为 RPM）相结合的成果。把各种自由造型制造、立体印刷以及选择性激光烧结等技术结合在一起，可以从 CAD 数据直接快速制造出零件的实体模型、样件、铸模和冲模。可以预见，“CAD + RPM”技术将演化出“设计—制造”一体化系统，并引发一场制造业的新技犬革命。

当前，为了进一步增强 CAD 软件的功能，正在对 CAD 软件进行第二次开发，并进一步改进表示物体的算法；开发智能 CAD，以防止设计错误；提高 CAD 系统、加工操作和管理人员三者之间的有效的交互作用等。

（2）计算机辅助工艺规划（CAPP） CAPP 接受来自 CAD 的设计数据并完成最优的生产程序和工艺流程的设计。CAPP 一般包含工艺设计、夹具设计、刀具准备和仿真等部分，可以根据零件规范、零件特性和装配结构来确定零件的加工顺序；应用工艺模型为各个加工单元安排有效的工作环境；对系统内整个生产程序的效率和经济性作出评估；通过仿真找出影响生产进行和物料畅通的原因，使整个生产系统处于优化运转状态。它主要包括如下三种软件：

1）工艺设计软件。该软件包含机械加工工艺、装配工艺和热加工工艺的设计，具备自动生成零件加工工艺规程、工艺装备（夹具、刀具、量具等）选择、产品装配、部件装配、切削用量和工时定额等的功能。

2）夹具设计软件。该软件应具备调用标准夹具元件拼装成所需的夹具的功能，并生成装配图、完成二维图形输出和三维图形显示、列出夹具元件的明细表等。

3）刀具准备软件。它能自动生成刀具预调图，标注刀具调整尺寸和规格参数；输出组装刀具的明细表和刀号等。

目前在实际中使用的 CAPP 可分为派生式和生成式两种类型。

派生式 CAPP 比较简单，目前较通用，它是在 GT 技术的基础上，应用同一个系统对相似的零件进行工艺规程的编制，因而在重新组织加工过程时不必扩大投资。

生成式 CAPP 比较复杂，它是在多因素综合的基础上进行工艺规程编制的，除了可以预先考虑到刀具更换因素外，还可用于优化工序和产品的“设计一投产”时间。生成式 CAPP 中采用了专家系统和人工智能等技术，功能比较先进。

（3）计算机辅助制造（CAM） CAM 接受 CAPP 的工艺设计数据，并编制出各类计算机数控程序，送到自动化制造系统对应的计算机数控机床、加工中心以及三坐标测量机等设备，作为这些设备动作的指令。

数控（NC）程序一般分两类，一类供机加工设备用，另一类专供由计算机控制的零件质量检测设备（例如三坐标测量机）使用。

对编制的 NC 程序要进行仿真检验。仿真软件将从工程设计数据库中综合调用 NC 程序、刀具数据和夹具数据，构造出三维立体画面，模仿机加工进程，并检验零件、夹具、刀具和机床在整个加工进程中的运动路径是否相干（碰撞）。经相干检验后的 NC 程序才能送到计算机数控设备上使用。

由于 NC 程序将直接指挥机床对零件进行加工，因此 NC 程序的任何差错或不适合实际的地方，都会在加工过程中带来严重后果。所以，对于由 CAM 出来的虽经仿真相干检验但尚未实际使用过的新的 NC 程序，都要安排试加工。在操作人员的监控下，一步一步地检验 NC 程序在实际加工过程中的运作情况，并由工艺人员在加工现场的 EDIS 终端上进行必要的修正。NC 程序只有通过试加工，并证明是正确的，才能在批量生产中正式使用。

由上述 CAD→CAPP→CAM 的过程可知，CAD/CAPP/CAM 在标准、规范和编码上应该一致，这样才能够实现信息的集成，组成完整的工程设计集成系统。

4. 工业机器人

（1）机器人的定义和特点 机器人是一种自动控制下通过编程可完成某些操作或移动作业的机器，已被广泛地应用在工业生产自动化、社会福利、危险作业等领域。它是一种典型的机电一体化高技术产品。机器人技术涉及机械学、仿生学、计算机、控制、传感、人工智能技术等多学科领域。

机器人应有如下性能：

1）机器人的动作机构具有类似人或其他生物某些器官（如肢体、感官等）的功能。

2）机器人具有通用性，其工作种类应多样，动作程序应灵活易变。

3）机器人具有不同程度的智能，如记忆、感知、推理、决策、学习等。

4）机器人具有独立性，具备完整的机器人系统，在工作中可以不依赖于人的干预。

1990 年 10 月在哥本哈根召开的工业机器人国际标准大会上，把机器人分为顺序型、沿轨迹作业型、远距离作业型和适应型（或智能型）等四类。

1）顺序型机器人拥有的控制系统，可按规定的程序动作。很多固定作业的装配机械手都属于此类。

2）沿轨迹作业型机器人能执行受控过程。在这过程中，有三种或三种以上受控轴按指令动作。这些指令使机器人按规定时间和轨迹从一个位置变换到另一个位置。各受控轴的运动速度不同，以便产生所需的轨迹。

3）远距离作业型机器人可接受遥控，对操作者的行为反应可通过编程来实现，适用于核工业、真空、宇宙、海洋开发等领域。美国用阿波罗 12 号向月球发送了“探测者 3 号”机器人，它在空中实验室操作人员的控制下伸出约 1.5m 机械手，采集月球岩土样品，然后进行化验，把结果发回地球。

4）适应型（或智能型）机器人具有感知，适应或学习功能，以及运动、思维、人机通信机能，因此它更接近于人们对机器人的理想要求，如日本的弹琴机器人、绘图机器人等。

上述四类机器人，还可以继续细分，例如：按基本机构分为直角坐标型、球坐标型、圆柱坐标型和关节型；按动力源分为液压驱动型、气动驱动型和电动驱动型等；按工作方式分为点位控制型、连续路径控制型等。

根据1989年国标草案，工业机器人定义为“一种能自动定位控制、可重复编程的、多功能的、多自由度的操作机，能搬动材料、零件或操作工具，用以完成各种作业”。而操作机又定义为“具有和人手臂相似的动作功能，可在空间抓放物体或进行其他操作的机械装置”。通常所说的机械手，是一种专用的程序固定的自动机械；而机器人是由电子计算机控制的程序可变的通用自动机械。两者的差别在于计算机控制。

（2）工业机器人系统的组成和关键技术

1）工业机器人系统的组成。工业机器人一般由工作任务输入、执行机构、感受装置、控制系统和作业对象等5部分组成。其5部分作用如下：工作任务输入是向机器人发完成任务的操作指令，指令机器人去完成的操作；执行机构是机器人本体（基座、腰部、手臂部、手腕部、夹持器）和行走部；感受装置用于检测的内、外传感器；控制系统一般是多CPU或分散式控制，关键技术是系统软件、应用软件和编程语言；作业对象一般为被操作物体，此外还应考虑工作环境和辅助设备对操作作业的影响。

2）工业机器人的关键技术。现在一般已把传感器、机构和计算机控制一起统称为工业机器人的三大要素。它由机器人机构、驱动技术、传感器技术和计算机控制技术等四个关键技术支撑。

机器人的机械结构包括机器人本体、末端执行器及周边设备。对于一个典型的操作型工业机器人来说，本体部分主要是一只类似于人上肢的机械手臂。

机器人手臂每个关节有一套驱动装置。驱动分伺服型与非伺服型。伺服型驱动是通过位置传感器的反馈进行闭环控制；非伺服型驱动是开环控制。对驱动控制的基本要求有：位置重复精度高；跟踪精度、速度范围大；动态响应快，无超调等。

机器人传感器通常根据所获取信息种类分成内部和外部两大类。感知机器人内部状态信息的传感器称为内部传感器。这类信息包括关节位置、速度、加速度、姿态和方位等。常见的内部传感器有轴角编码器、加速度计和陀螺系统等。外部传感器是指用于感知机器人外部环境、作业对象，以及机器人与环境、对象发生作用时的有关信息的传感器。外部传感器又可分接触型和非接触型。前者有触觉、压觉、力觉、滑觉、热觉等，后者有视觉、听觉、接近觉、距离觉等。

在控制结构上，现在大部分工业机器人都采用两级微机控制：第一级微机控制担负系统监控、作业管理和直线或圆弧的实时插补任务；第二级微机控制实现位置伺服控制。

对于智能机器人，通常它的控制系统设计成一个多处理机系统的网络。在软件设计上采用分级规划、分层递阶结构的控制思想。

在计算机控制方面，除要研究控制算法、控制器的软硬件结构等外，还需研究多传感器、多肢体和多指多爪的协调控制，以及机器人步行控制和自主控制等。

（3）工业机器人的应用　在20世纪90年代，工业机器人已遍及汽车、电子电器、机械、造船、航空、航天、钢铁、化工、交通、塑料、食品和纺织等工业行业。其中电子电器制造业、汽车工业占了一半以上，接下去的顺序是合成树脂成形加工业、金属制品制造业等。按工序来看，工业机器人应用广泛程度的次序是：装配、点焊、弧焊、切削磨削加工，以及树脂成形加工、检测和搬运等。其中装配所占的比例超过了40%。非制造方面，工业机器人在核工业中的应用尤为突出。

5. 自动化仓库

（1）自动化仓库的定义和仓库储运流程　自动化仓库是原料、燃料、材料和成品等各种物资，在搬运和储存过程中的一项新兴仓库物流技术。所谓自动化仓库，是指用货架-托盘系统储存的单元化物资，采取专用起重运输设备来自动完成入库和出库全过程的一种新型仓库。

自动化仓库最早产生于20世纪60年代初期。其后，随着世界经济发展步伐加快，科学技术日新月异，以及生产过程机械化、自动化程度不断提高，仓库的储存技术也有了很大进展。自动化仓库经历了仓库储存功能的单纯保管型到多功能型发展，加快了物资周转，提高了物流效率；它经历了仓储作业手段的个别机械化到系统的综合机械化，巷道堆垛起重机与输送机联合配套，扩大了物资储备规模，改善了装卸和搬运的作业条件；它又经历了仓库管理中的手工操作到电子计算机辅助管理、存储数据、信息处理、科学预测，以获取最佳效能。

因此，自动化仓库综合、汇集了现代仓库储存技术和电子计算机辅助管理，是机电一体化系统的又一具体典型实例。其特点是节约了土地和劳动力，提高了仓库的作业效率、可靠性和整体管理水平。

（2）自动化仓库的功能与分类

1）自动化仓库的功能。自动化仓库既有一般仓库的储存、保管、调节、集散功能，还有检索、分类与配送等功能。下面分别加以介绍。

①储存和保管功能。仓库是利用其空间（场地）来存放物品，既具有储存功能的工具。而对现代仓库来讲，它不仅是储运场所，更重要的是仓库要保持好物资原有的使用价值，即具有保管功能。因此，仓库应根据储存物资的特点和保管要求，置备相应设施，确保质量，防止不必要的损耗，不断降低成本，提高经济效益。

②调节功能。仓储在物流中起着“蓄水池”的作用，对物资的供应需求和运输能力都起着调节作用。现代化大生产使生产和消费的差异性越来越突出。为使生产与消费协调起来，社会再生产得以持续进行，都需要通过仓储调节。生产与消费在地域间的差异则是通过运输解决的。运输方式不同，运输工具也各异。其运输能力和运输手段很难统一。单一的运输方式，物资很难一步到位，而中途改变运输方式、运输路线、运输规模、运输时间，就需要停留时间。因此，仓储能在运输过程中发挥调节和衔接作用。

③集散功能。仓库将各供应或运货单位的物资汇集成一定规模，经储存一定时间，再根据不同需要，散发到各需求单位，通过零、整反复转化，衔接供需，协调运输，促进物资的通畅流转。

④检索功能。库存物资的门类、品种、规格，成千上万。旧式仓库依靠人工检索，费工费时。自动化仓库则运用现代化仓储技术和电子计算机编程检索、选配、发送，迅速准确地提取所需物资。

⑤分类与配送功能。根据需方要求，对物资分类、配装、加工和发运，把物资送到需求单位，提高了仓储的社会效益。

自动化仓库的出现，使仓库从单纯储存保管型向流通型转变，提高了仓库作业的机械化和自动化程度，增加了分类、配套、流通、加工以及情报处理等功能，扩大了作业范围，提高了综合利用率，成为物资流通的枢纽。

2）自动化仓库的分类。自动化仓库有按建筑形式、库内货架形式、库容量、库房高度、车物流系统中的作用及控制方法等6种分类方法。

①按仓库的建筑形式，自动化仓库可分为整体式和分离式。整体式仓库是指仓库建筑物与货架构成一个整体，货架既是墙柱又是库房屋顶的支撑体，库高一般在12m以上；分离式仓库的仓库建筑物与货架都是独立的，库高一般在12m以下。

②按仓库内货架形式，自动化仓库可分为单元式、贯通式和循环式。单元式货架仓库的货格只存放1个单元（托盘或货箱）的物资，货架排列固定，每2排货架为1组，其间留一巷道，供堆垛机作业。每列货架又分若干层。贯通式货架仓库是货架合并，取消巷道；同一层、同一列的物资相互贯通，形成能依次存放许多单元物资的通道。循环式货架仓库的货架，本身就是1台垂直提升机或水平回转机，前者可沿垂直方向存取物资，或称垂直循环旋转式储存货架，货格空间最高300mm、深300mm、宽2000mm；后者可沿环形轨道运行，或称水平循环旋转式储存货架，作业人员可在平面内某一点存取或拣选物资。循环式中，物资的行程增加了1倍。

③按仓库的容量，自动化仓库可分为大型、中型和小型。大型自动化仓库，库容量在5000托盘以上；中型自动化仓库，库容量为2000～5000托盘；小型自动化仓库，库容量少于2000托盘。

④按库房高度，自动化仓库可分为高层、中层和低层。高层自动化仓库，库房高度在12m以上；中层自动化仓库，库房高度在5～12m之间；低层自动化仓库，库房高度低于5m。研究表明，多层仓库内的最佳高度取决于仓库容量：当容量为1000～4000t时，高度在12.6m为好；当容量为6000t以上时，高度在16.2m为佳。

⑤按仓库在物流系统中的作用，自动化仓库可分为生产型和流通型。生产型自动化仓库是为工业企业服务的，多为半成品库（即中间仓库）和成品库；流通型自动化仓库是面向社会的，服务对象广泛，一般属专业流通企业管理。

⑥按仓库的控制方法，自动化仓库可分为手动控制、自动控制和远距离控制（摇控）。

（3）自动化仓库的发展趋势　自动化仓库使物资的储存跃入了动态储存的新领域。它促使仓库的性质变化，成为物流系统中联系生产与消费的重要枢纽。今后自动化仓库的发展趋势是：以建中型规模，高度9～15m之间，占地面积$500m^2$左右的库房为主；货架为适应多品种、小批量生产的需要，由刚性结构向柔性结构的方向发展；为缩短施工周期和降低工程造价，货架、货箱和托盘力急向系列化、通用化和标准化方向发展。

6. 计算机网络和数据库

计算机网络和数据库是大型机电一体化系统实现信息集成的支持工具。计算机网络负责系统中的各台计算机和终端的数据通信；数据库负责系统中产生的各种类型数据的保存和管理。机电一体化系统的各个功能分系统（或分设备）通过网络进行通信联系，并按权限共同享用数据库中的数据，从而实现信息在功能上的集成。

（1）计算机网络（NET）　NET为机电一体化系统各功能系统内部及各功能系统之间的信息流动提供高速、有效、可靠的通道，为接在网络上的各类主机、工作站、个人计算机和终端设备提供文件传送、电子邮件等网络服务。应用NET的机电一体化系统主要分多网互联大型机电一体化系统和开放性互联大型机电一体化系统两种类型。系统对网络的要求主要是：

1）多网互联大型机电一体化系统各功能系统对于传送数据的速率和距离的要求是不同的，大多要有若干个互联的子网络来完成各类通信任务。子网一般可分为三种类型：第一种多用于自动化制造系统，如现场总线，满足实时通信任务；第二种是局域网，满足在同一厂区内信息流量大而对实时性要求不高的通信，如厂级管理、工程设计和办公自动化等数据的传送；第三种是远程网，一般利用公用网来通信，适用于分布在不同地区的工厂或部门之间的数据传送。各子网通过网络服务器、信桥、网络设备接口以及通信控制器等互联成一个整体网络。

2）开放性互联大型机电一体化系统由于其采用的设备往往来自各个制造厂家，因历史的原因或各厂家的自我保护措施，会出现多种通信协议并存的现象，这给系统的信息集成带来不小的困难。为此必须打破这种封闭式网络的概念，采用开放式系统互联的概念（OSI）和国际标准通信协议 MAP/TOP（制造自动化协议/技术办公室协议），使系统中的子系统有互联的可能，以便在一个紧凑的、包罗广泛的、完整的框架内协调地工作，并为用户开发网络应用系统提供规范的通信手段。

（2）计算机数据库系统（DBS） DBS 是机电一体化系统中储存各种各样数据的场所，是各功能系统实现数据共享的基本保证。为了共享数据，除了要求存取数据方便外，另一个重要要求是数据的一致性，即在网络中任何节点读取同一个数据时，其内容应该是完全一样的。这是因为在系统中同一个数据可能被多个部门所使用，列入不同的表格内，为了使用方便，这个数据可能被存储在几个地方。例如，工厂的日产量以进成品仓库为准，但其他的计划、调度、统计、销售等部门也需要知道或保留这个数据。为了使各部门获得的日产量数据一致，规定只有成品仓库才有输入或修改此数据的权限，并作为"正本"。其他部门只有读取此"正本"和必要时保留"副本"的权利，而且当"正本"修改后，所有对应的"副本"都应由数据库自动改正。因此，对机电一体化系统来说，除了较简单的、小型的系统采用集中数据库外，大多采用分布式数据库，如管理数据库、工程数据库、自动化制造数据库、质量数据库等。它们在分布式数据库管理系统的统一指挥和调度下，有条不紊地高效率完成各项数据库功能，实现整个数据库系统内的数据共享。此外，系统中的装备可能来自不同厂家，各个数据库的类型可能不同，数据格式和使用方式也有差异，这时就要发展不同数据库之间的接口管理机制，组成所谓联邦式异构数据库系统。在保持各异构数据库内部自治的条件下，对外透明，实现整个系统的数据共享。

四、机电一体化技术在机械制造中的应用

这里列举的机电一体化技术应用实例，是利用前面介绍的组建机电一体化系统的基本单元技术组成的。由于前面已介绍这些基本单元技术，所以不再重新叙述，这里仅介绍怎样利用这些基本单元技术来组建一些机电一体化应用实例，如计算机集成系统、柔性制造系统（FMS）和工程设计集成系统（EDIS）等。

1. 工程设计集成系统（EDIS）

EDIS 是计算机辅助的产品工程设计系统，其目标是要尽量压缩以至消除人在产品设计中的"纸"上作业，自动地由设计数据产生出制造数据，以缩短"设计—投产"周期。EDIS 主要由 CAD、CAPP、CAM 和仿真软件组成。图 5-3 所示为一个典型机加工专业的

EDIS 的组成。

当管理部门下达新产品或变形产品开发任务后，EDIS 便根据新产品的性能、规格、成本、设计周期要求等，由 CAD 完成产品的外形、功能设计和工程分析；再由 CAPP 根据 CAD 给出的产品设计数据完成工艺、夹具和刀具设计；然后由 CAM 根据 CAPP 给出的产品工艺数据完成计算机数控编程和计算机辅助检测编程；最后用计算机仿真来检验产品设计和加工的可行性。

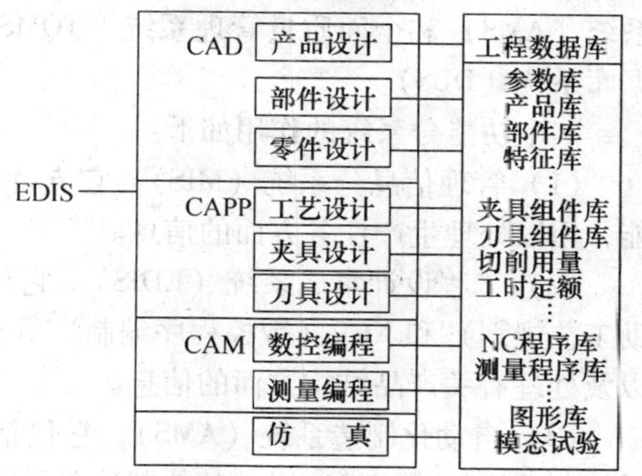

图 5-3 EDIS 的组成

EDIS 完成产品设计后，还要把计算机数控程序和计算机辅助检测程序通过计算机网络送到自动化制造系统，作为加工中心和三坐标测量机等的数控程序。同时，EDIS 还应把设计数据自动产生的物料清单和工艺文件，通过网络送到管理中心，作为生产准备的技术资料。

支持 EDIS 的主要技术是成组技术（GT）、计算机辅助设计（CAD）、计算机辅助工艺规划（CAPP）、计算机辅助制造（CAM）、仿真技术、计算机网络和数据库等。这些技术前面已介绍，这里不再叙述。

2. 计算机集成制造（CIM）和计算机集成制造系统（CIMS）

进入 20 世纪 80 年代以来，为了适应人们日益多样化的需要，市场竞争空前激烈。其主要特点是：产品的生命周期越来越短；产品的品种增多，批量减少；产品质量、价格和交货期已成为增强企业竞争力的 3 个决定性要素。特别是缩短和信守交货期日益受到重视。因此，企业对市场变化的快速适应能力即柔性化水平已成为竞争成败的决定性因素。计算机集成制造技术正是制造业实现这一愿望的技术途径。

计算机集成制造 CIM 是英文 Computer Integrated Manufacturing 的缩写。而计算机集成制造系统 CIMS 是英文 Computer Integrated Manufacturing System 的缩写。CIMS 利用计算机硬件、网络和数据库技术，将企业的经营、管理、计划、产品设计、加工制造、销售及服务等部门和人、财物集成起来，以便能够高效率、高质量、高柔性地管理企业，提高企业的竞争力。CIMS 实质上是企业内部各职能领域信息系统的集成，这些信息系统包括：计算机辅助设计（CAD）和计算机辅助工艺计划（CAPP）、计算机辅助制造（CAM）、柔性制造系统（FMS）、管理信息系统（MIS）、办公自动化（OA）系统及相关数据库等。各数据库系统围绕企业的生产经营和管理集成在一起，带动了企业生产经营和管理的信息化进程，其进一步的发展方向就是无人制造系统。

CIM 概念的基本论点认为：企业生产的各个环节，即从市场分析、产品设计、加工制造、经营管理到售后服务的全部生产活动，是一个不可分割的整体，要紧密连接统一考虑；整个生产过程实质上是一个数据采集、传递和加工处理的过程。最终形成的产品可以看做是数据的物质表现。

图 5-4 CIMS 的典型功能模型

制造业的CIMS的典型功能模型如图5-4所示。它是由四个功能系统和两个支持系统构成的，四个功能系统是：管理信息系统（MIS）、工程设计集成系统（EDIS）、自动化制造系统（AMS）和全面质量管理系统（TQMS）。两个支持系统是：计算机网络（NET）和数据库系统（DBS）。

四个功能分系统的作用如下：

（1）管理信息分系统（MIS） 它支持生产计划和控制、销售、采购、仓储、财会等功能，用以处理生产任务方面的信息。

（2）工程设计集成系统（EDIS） 它包括CAD（计算机辅助设计）、CAPP（计算机辅助工艺规划）和NCP（数控程序编制）等子系统，用以支持产品的设计和工艺准备等功能，以及处理有关产品结构方面的信息。

（3）自动化制造系统（AMS） 它包括各种不同自动化程度的制造系统，如NC机床、柔性制造系统（FMS）以及其他制造单元等，用来实现信息流对物流的控制和完成物流的转换。它是信息流和物流的结合部，用来支持企业的制造功能。

（4）全面质量管理系统（TQMS） 它是计算机辅助质量保证分系统，用来支持生产过程的质量管理和质量保证功能。它不仅处理管理信息（如废品率），也处理技术信息（如测量产品性能等）。

3. 柔性制造系统（FMS）

柔性制造系统FMS是英文Flexible Manufacturing System的缩写，是在计算机辅助设计（CAD）和计算机辅助制造（CAM）的基础上，打破设计和制造的界限，取消图纸、工艺卡片，使产品设计、生产相互结合而成的一种先进的生产系统。

柔性制造系统（FMS）具有良好的柔性，但是，这并不意味着一条FMS就能生产各类产品。事实上，现有的柔性制造系统都只能制造一定数量的品种。据统计，从工件形状来看，95%的FMS系统能加工箱体件或圆盘件；从加工零件种类来看，很少有加工200种以上的FMS系统，多数系统只能加工10个品种左右。

在现有的FMS系统中，大致有三种类型：一是专用型，它就是以一定产品配件为加工对象组成的专用FMS，如底盘柔性加工系统等；二是监视型，它具有包括运动状态、工件进度、精度、故障和安全等监视功能；三是随机任务型，即可同时加工多种相似零件的FMS。

与传统加工方法相比，FMS的生产效率可提高140%～200%，工件传送时间可缩短40%～60%，生产面积利用率可提高20%～40%，数控机床利用率每班可达95%，普通机床利用率提高到70%。

一个典型的机械制造FMS实例如图5-5所示。它主要由计算机、数控机床、机器人、托盘、自动搬运小车和自动仓库等组成，即以电子计算机为核心，由加工中心、机器人和自动仓库共同构成的一组机电一体化系统。按照功能，它由加工系统、物流系统和信息系统三大部分。

（1）加工系统 FMS的加工系统主要由数控机床组成，承担机械加工任务。

（2）物流系统 在FMS中的工件、工具流概称为物流系统，一般由输送系统、储存系统和操作系统三个部分组成。输送系统可使各加工设备之间建立自动运行的联系；储存系统具有自动存取机能，用以调节加工节拍的差异；操作系统用以建立加工系统同物流系统中的输送、储存系统之间的自动化联系。FMS的物流系统包括自动小车、输送带、工业机器人、随行托板、自动化立体仓库、更换系统和托板输送系统及叉车等。

（3）信息流系统　本系统的核心是一个分布式数据库管理系统和控制系统，整个系统采用分级控制结构。它的主要任务是：组织和指挥制造流程，并对制造流程进行控制和监视；向FMS的加工系统、物流系统（储存系统、输送系统及操作系统）提供全部控制信息并进行过程监视，反馈各种在线检测的数据，以便修正控制信息，保证安全运行。

这些系统中所用技术，如数控机床、工业机器人、自动化仓库、计算机网络和数据库等，前面已介绍，这里不再叙述。

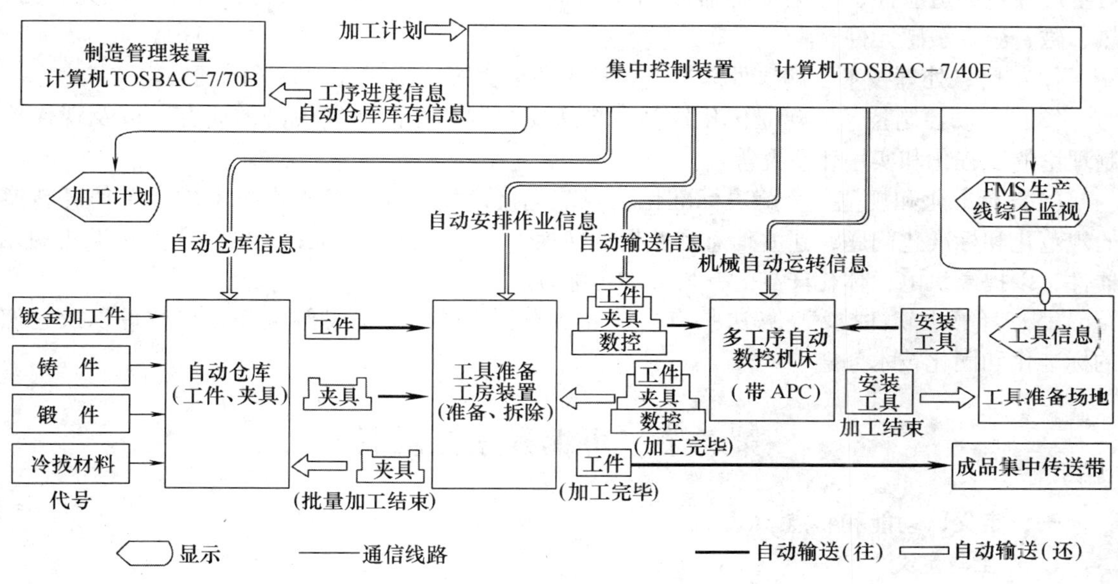

图5-5　FMS构成框图

五、机电一体化发展的主要方向

当前机电一体化技术和产品发展的方向，主要体现在以下三个方面：

1. 扩大学科面，发展新产品

机电一体化不仅综合机械、电子、计算机等主要学科，它已扩展至光、磁、化学、生物、热、气、液等各种学科。目前发展的机电一体化产品中，均综合运用各学科发展的最新成果。例如，在CNC机床中，采用激光技术发展数控激光切割机床、激光焊接机、激光热处理机床等；在医疗机械中，发展超声图像造影、激光图像处理和彩色摄像等。此外，在新产品中，采用人工智能技术，发展智能设备和智能制造系统，也是机电一体化技术发展的重要主攻方向，如智能机器人、计算机智能制造系统等。

2. 利用机电一体化技术改造老产品、旧设备和生产线

用机电一体化技术改造传统产业，改善老产品的性能和质量，提高企业原有生产设备和系统的自动化水平和可靠性，缩短生产周期和提高经济效益，这是机电一体化技术研究的又一广阔领域和重要方面。例如，在机床上采用数显装置以提高机床的定位和读数精度；用可编程序控制器取代机床中老的继电器逻辑控制系统以提高设备的可靠性；用变频器将机床的有级调速或直流机无级调速改为交流变频调速系统，以减少齿轮传动、简化结构和降低噪声；采用可编程序控制器、单片机或单板机改造传统的生产自动线的控制系统，以提高自动线的可靠性和稳定性等。

3. 加强对共性关键技术及基础技术的研究

与机电一体化相关的共性的关键技术和基础技术有传感技术、信息处理技术、自动控制技术、计算机软件技术、标准化和规范化，对这些技术的研究应着重注意如下方面：

（1）传感技术　在研究高精度、高灵敏度和高可靠性传感器中，必须解决抗噪能力、对生产环境的适应性、视觉传感器的图像识别、声控传感技术等问题。重点发展光、力、热、磁、湿等敏感元件。

（2）信息处理技术　解决处理速度、抗干扰能力等与实时处理有关的问题。

（3）自动控制技术　建立优化控制、自适应控制和智能控制模型的研究，以及现代控制理论的工程化和实用化研究等。

（4）标准化和规范化　解决标准化和规范化接口技术和信息转换技术中有关信息转换的规范化和标准化问题，建立信息和数据的转换、存储格式的标准；同时，研究标准化的元器件，以提高机电一体化产品的互换性和可靠性。

（5）计算机软件技术　解决具有共性的数据处理软件、信息转换和接口软件以及它们的标准化和固化技术问题。

第二节　可编程序控制器

一、定义、功能和特点

1. 产生与定义

可编程序控制器 PLC 是英文 Programmable Logic Controller 的缩写，是在继电器控制技术、计算机技术和现代通信技术的基础上逐步发展起来的一项先进的控制技术。它以微处理器为核心，用编写的程序进行逻辑控制、定时、计数和算术运算等，并通过数字量和模拟量的输入/输出（I/O）来控制各种生产过程。在现代工业发展中，它和 CAD/CAM 技术、机器人技术并称为现代工业自动化的三大支柱。

1968 年，美国 General Motors（GM）公司首次公开招标，要求制造商为其装配线提供一种新型的通用程序控制器，并提出了著名的十项招标指标：①编程简单，可在现场修改程序；②系统的维护方便，采用插件式结构；③体积小于继电器控制柜；④可靠性高于继电器控制柜；⑤成本较低，在市场上可以与继电器控制柜竞争；⑥可将数据直接送入计算机；⑦可直接用交流 115V 输入；⑧输出采用交流 115V，可以直接驱动电磁阀、交流接触器等；⑨通用性强，扩展方便；⑩程序可以存储，存储器容量可以扩展到 4KB。这便是著名的“GM 十条”。它是可编程序控制器出现的技术要求基础，也是当今 PLC 的最基本的功能。

1987 年，国际电工委员会（IEC）对 PLC 作了如下的定义：“可编程序控制器是一种数字运算操作的电子系统，专为在工业环境下应用而设计。它采用了可编程序的存储器，用来在其内部存储程序，执行逻辑运算、顺序控制、定时、计数与算术操作等指令，并通过数字式和模拟式的输入和输出，控制各种类型的机械或生产过程。可编程序控制器及其有关外围设备，都应按易于与工业控制系统联成一个整体，易于扩充其功能的原则设计”。

PLC 发展至今大体经历了下列 3 个主要阶段：

1）从 20 世纪 60 年代 PLC 产生到 70 年代，占支配地位的 PLC 技术处在序列发生器状态机（Sequencer State Machines）和基于 CPU 的位片（Bit Slice）技术之间。传统的微处理器主要用于小型的 PLC，但缺乏快速处理的能力。PLC 的主要功能基本局限在逻辑控制阶段，各个生产公司都是以单机为主发展硬件技术。

2）1973 年，PLC 具有了通信能力，PLC 之间可以进行相互对话，使得它们可以远离工业控制现场。到 20 世纪 80 年代末期，随着工业电器自动化程度的不断提高，在开发研制 PLC 单机功能的同时，还着重加强了软件技术的开发，提高 PLC 的联网和通信功能，并且许多公司还加强了特殊功能模块的研制。

3）20 世纪 90 年代以来，由于大规模和超大规模集成电路等微电子技术的迅速发展，以及适应计算机集成制造系统（CIMS）和现代网络技术，PLC 由单 CPU 转向多 CPU，16 位和 32 位微处理器被大量应用于 PLC 中，使其运算速度、通信联网、图像显示和数据处理功能都大大增强。同时，随着通信联网技术的发展，新通信协议不断产生。标准 IEC 1131—3 已经尽量将 PLC 编程语言融合为一个国际标准。现在，可以同时使用功能模块图（Function Block Diagram）、指令表（Instruction List）、梯形图（Ladder Diagram）和结构化文本（Structured Text）等对 PLC 进行编程。在现代工业控制系统中，PLC 已经真正成为具有逻辑控制、过程控制、运动控制、数据处理和联网通信等功能的多功能控制器。

2. PLC 的功能与特点

（1）PLC 的主要功能 PLC 把自动化技术、计算机技术、通信技术融为一体，它应能完成条件控制（逻辑控制）、定时控制、计数控制、步进控制、A/D 和 D/A 转换、数据处理、通信联网及运行监控等功能。而且这些功能还在不断增长，如：控制规模不断扩大，单台 PLC 可控制上万个信号点，多台 PLC 进行同位链接可控制几万个信号点；CPU 位数不断增多，由一位微处理器逐步发展到 8 位、16 位甚至 32 位、双 CPU、多 CPU；处理速度不断提高，每个点的平均处理时间从 10μs 左右提高到 1μs 以内；编程容量不断增大，从几千字节提高到几十千字节，甚至到几万千字节；指令不断增多，使之更能体现计算机的处理能力，除能进行逻辑运算、计时、计数外，还能进行算术运算、PID 运算、数制转换、ASCI 码处理，高档 PLC 还具有处理中断、子程调用等功能；编程语言多样化，大多数使用梯形图语言和语句表语言，有的则使用流程图语言或高级语言；增加通信与联网功能，远程 I/O 能与 CPU 通信，PLC 与 PLC 之间能互相通信、交换数据，PLC 还可与上位计算机通信；各种智能模板相继开发，如温度控制模板、位置控制模板、高速模拟量转换模板、高速计数模板等。

PLC 的这些功能，使它既可对开关量进行控制，又可对模拟量进行控制；既可控制一台单机、一条生产线，又可控制一个机群、多条生产线；既可现场控制，又可远距离控制；既可控制简单系统，又可控制复杂系统。

（2）特点 PLC 是传统的继电器技术和现代的计算机技术相结合的产物。在工业控制方面，它又具有继电器控制或计算机控制所无法比拟的优点。

1）可靠性高，抗干扰能力强。可靠性高，抗干扰能力强是 PLC 最重要的特点之一。这主要是由于它采用了一系列特有的硬件和软件措施。

①硬件方面，在输入/输出（I/O）通道采用光电隔离，有效抑制外部干扰源对 PLC 的

影响；在设计中采用滤波器等电路增强 PLC 对电噪声、电源波动、振动、电磁波等的干扰，确保 PLC 在高温、高湿以及空气中存有各种强腐蚀物质粒子的恶劣工业环境下能稳定地工作；对中央处理器（Central Processing Unit，CPU）等重要部件，采用具有良好的导电、导磁材料进行屏蔽，以减少电磁干扰。

②软件方面，PLC 的监控定时器可用于监视执行用户程序的专用运算处理器的延迟，保证在程序出错和程序调试时，避免因程序错误而出现死循环；当 CPU、电池、输入/输出接口、通信等出现异常时，PLC 的自诊断功能可以检测到这些错误，并采取相应的措施，以防止故障扩大；停电时，后备电池会正常工作。

2）应用灵活，编程方便。PLC 的方便灵活性主要体现在以下两个方面：

①编程的灵活性。PLC 采用与实际电路非常接近的梯形图方式编程，广大电气技术人员非常熟悉，易于掌握，易于推广。对于企业中一般的电气技术人员和技术工人，也可以很容易地学会程序设计。这种面向生产、面向用户的编程方式，与常用的计算机语言相比更易于接受，故梯形图被称为“面向蓝领的编程语言”，PLC 也被称为“蓝领计算机”。

②扩展的灵活性。它可以根据应用的规模进行容量、功能和应用范围的扩展，甚至可以通过与集散控制系统（DCS）或其他上位机的通信来扩展功能，并与外围设备进行数据的交换。

3）易于安装、调试、维修。PLC 用软件功能取代了继电器-接触器控制系统中大量的中间继电器、时间继电器、计数器等器件，大大减少了控制设备外部的接线。在安装时，由于 PLC 的 I/O 接口已经做好，因此可以直接和外围设备相连，而不再需要专用的接口电路，所以硬件安装上的工作量大幅减少。用户程序可以在实验室进行模拟调试，调试完成后再进行生产现场联机调试，使控制系统设计及建造的周期大为缩短。

PLC 还能够通过各种方式直观地反映控制系统的运行状态，如内部工作状态、通信状态、I/O 状态和电源状态等，非常有利于维护人员对系统的工作状态进行监视。另外，PLC 的模块化结构可以使维护人员很方便地检查、更换故障模块，当控制功能改变时能及时更改系统的结构和配置。而且各种模块上均有运行状态和故障状态指示灯，便于用户了解运行情况和查找故障。如果一旦其中某个模块发生故障，用户可通过更换模块的方法，使系统迅速恢复运行。

4）功能完善，适用性强。PLC 发展至今，已形成了大、中、小各种规模的系列化产品，可用于各种规模的工业控制场合。PLC 除了具有逻辑运算、算术运算、数制转换以及顺序控制功能外，而且还具备模拟运算、显示、监控、打印及报表生成等功能，可用于各种数字控制领域。此外，PLC 还具有较完善的自诊断、自测试功能。

近年来，PLC 的功能单元大量涌现，使 PLC 渗透到了位置控制、温度控制、CNC 等各种工业控制中。由于 PLC 通信功能的增强及人机界面技术的发展，使用 PLC 组成各种自动控制系统变得非常容易。

PLC 还具有强大的网络功能。它所具有的通信联网功能，使相同或不同厂家和类型的 PLC 可进行联网，并与上位机通信构成分布式控制系统。使其不仅能做到远程控制、进行 PLC 内部通信或与上位机进行通信，还具备专线上网、无线上网等功能。这样 PLC 就可以组成远程控制网络。

5）体积小，能耗低。PLC 内部电路主要采用微电子技术设计，因此具有体积小、重量轻的特点。这些特点使其很容易装入机械结构内部，组成机电一体化设备。

二、PLC 组成、工作原理和编程语言

1. 组成

可编程序控制器是微型计算机技术和继电器常规控制概念相结合的产物，是一种以微处理器为核心的用于控制的特殊计算机。从广义上讲，可编程序控制器是一种计算机系统，只不过它比一般计算机具有更强的与工业过程相连接的 I/O 接口，具有更适用于控制要求的编程语言和更适应于工业环境的抗干扰性能。因此，可编程序控制器是一种用于工业控制的专用计算机，它也是由硬件系统和软件系统两大部分组成。

（1）PLC 的硬件组成　PLC 的硬件系统构成如图 5-6 所示，它由主机、I/O 扩展单元及外部设备组成。PLC 主机由中央处理器（CPU）、存储器、输入/输出单元、通信接口、扩展接口、外围设备接口和电源等部分组成。

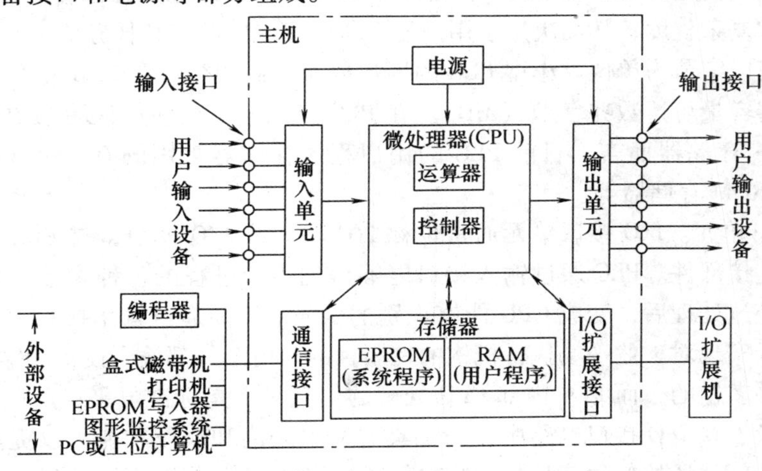

图 5-6　PLC 的硬件系统构成

PLC 主要组成部件及其主要功能如下。

1）中央处理器。CPU 是 PLC 的核心部件，是 PLC 的运算和控制中心，PLC 的工作过程都是在 CPU 的统一指挥和协调下进行的。CPU 由微处理器和控制器组成，可以实现逻辑运算和数学运算，协调控制系统内部各部分的工作。它的运行是按照系统程序所赋予的任务进行的。PLC 常用的 CPU 有通用微处理器、单片机和位片式微处理器。通用微处理器按其处理数据的位数可分为 4 位、8 位、16 位和 32 位等。PLC 大多用 8 位和 16 位微处理器。

控制器的作用是控制整个微处理器的各个部件有条不紊地进行工作，其基本功能就是从内存中读取指令和执行指令。控制器接口电路是微处理器与主机内部其他单元进行联系的部件，主要有数据缓冲、单元选择、信号匹配、中断管理等功能。微处理器通过控制器来实现与各个单元之间的可靠的信息交换和最佳的时序配合。控制器的主要功能有以下几点：

①采集由现场输入装置送来的状态或数据，通过输入接口存入输入映像寄存器或数据寄存器中；用扫描方式接收输入设备的状态信号，并存入相应的数据区（输入映像寄存器）。

②按用户程序存储器中存放的先后次序逐条读取指令，完成各种数据的运算、传递和存

储等功能，进行编译解释后，按指令规定的任务完成各种运算和操作。

③将各种运算结果向外界输出。

④监测和诊断电源 PLC 内部电路工作状态以及用户程序编程过程中出现的语法错误。

⑤根据数据处理的结果，刷新有关标志位的状态和输出状态寄存器的内容；响应各种外围设备（如编程器、打印机、上位计算机、图形监控系统、条码判读器等）的工作请求，以实现输出控制、制表打印或数据通信等功能。

2）存储器。存储器是 PLC 存放系统程序、用户程序和运行数据的单元。PLC 的存储器由系统程序存储器和用户程序存储器两部分组成。

系统程序存储器是 PLC 用于存放系统程序如指令（软件）等内容的部件，这部分存储器用户不能访问。一般用只读存储器 ROM（Read Only Memory）存放系统程序指令。

用户程序存储器是为用户程序提供存储的区域，用户程序存储器容量的大小，决定了用户程序的大小和复杂程度，从而决定了用户程序所能完成的功能和任务的大小。用户程序存储器的容量一般以字节为单位。小型 PLC 的用户程序存储器容量在 1KB 左右，典型 PLC 的用户程序存储器容量可达数兆字节（MB）。在 PLC 产品样本或使用说明书中所列的存储容量均指用户程序 存储器而言。目前 PLC 的用户程序存储器常用的有 CMOS RAM 存储器、EPROM 或 EEPROM 存储器等。

3）I/O 接口单元。I/O 接口单元通常也称 I/O 单元或 I/O 模块，是 PLC 与工业过程控制现场之间的连接部件。PLC 通过输入接口能够得到生产过程的各种参数，并向 PLC 提供开关信号量，经过处理后，变成 CPU 能够识别的信号。PLC 通过输出接口将处理结果送给被控制对象，以实现对工业现场执行机构的控制目的。由于外部输入设备和输出设备所需的信号电平是多种多样的，而 PLC 内部 CPU 处理的信息只能是标准电平，所以 I/O 接口必须能实现这种转换。在 I/O 接口电路中一般都具有光电隔离和滤波功能，以提高 PLC 的抗干扰能力，实现外部现场的各种信号与系统内部统一信号的匹配和信号的正确传递。

4）I/O 扩展单元。I/O 扩展单元用来扩展 PLC 的 I/O 点数。当用户所需要的 I/O 点数超过 PLC 基本单元的 I/O 点数时，即主机单元（带 CPU）的 I/O 点数不能满足 I/O 设备点数需要时，可通过此接口用扁平电缆线将 I/O 扩展单元（不带有 CPU）与主机单元相连接，以增加 PLC 的 I/O 点数，适应控制系统的要求。其他很多的智能单元也通过该接口与主机相连，PLC 的扩展能力主要受 CPU 寻址能力和主机驱动能力的限制。

5）编程器。编程器是人与 PLC 联系和对话的工具。用户可以利用它来编辑、输入、修改、调试、读出用户程序，也可在线监控 PLC 内部状态、显示错误代码和参数。它是开发、应用、维护 PLC 不可缺少的工具。编程器主要有专用编程器和配有专用编程软件包的通用计算机系统。

①专用编程器。专用编程器由 PLC 厂家生产，专供该厂家生产的某些 PLC 产品使用。专用编程器有简易编程器和智能编程器两类。简易编程器一般由简易键盘和发光二极管矩阵或液晶显示器组成。简易编程器在编制程序的过程中只能联机编程，而且不能直接输入和编辑梯形图程序，需将梯形图程序转化为指令表程序才能输入。智能编程器又称图形编程器，本质上是一台专用便携式计算机，可以联机编程，也可以脱机编程。它一般采用微型计算机加上相应的应用软件构成，既可用于编制调试用户程序，又能够完成彩色图形显示、通信联网、打印输出和事务管理等多项功能。智能编程器对于梯形图程序的输入和编辑可直接完

成，使用直观、方便，但价格较高，操作也比较复杂。

②配有专用编程软件包的通用计算机系统。PLC 在程序编制的过程中也可使用以个人计算机为基础的编程装置。用户只要购买 PLC 厂家提供的专用编程软件和相应的硬件接口装置就可以进行相关应用程序的修改和编制。这类编程装置既可以编制、修改 PLC 的梯形图程序，又可以监视系统运行、打印文件、系统仿真等。配上相应的软件还可实现数据采集和分析等多种功能。

6）通信接口。PLC 配有各种通信接口，这些通信接口一般都带有通信处理器。PLC 通过这些通信接口可与监视器、打印机、其他 PLC、计算机等设备实现通信。

7）外围设备接口及特殊功能模块。外围设备接口是可编程序控制器主机实现人—机对话、机—机对话的通道。通过外围设备接口，可编程序控制器可以和编程器、彩色图形显示器、打印机等外围设备相连，也可以与其他可编程序控制器或上位计算机连接。PLC 还具有许多特殊功能模块，主要包括模拟量 I/O 单元、远程 I/O 单元、高速计数模块、中断输入模块和 PID 调节模块等。随着 PLC 的进一步发展，特殊功能模块的种类也越来越多。

8）电源。PLC 的电源是指把外部供应的交流电源经过整流、滤波、稳压处理后转换成满足 PLC 内部的 CPU、存储器和 I/O 接口等电路工作所需要的直流电源电路或电源模块。不同型号的 PLC 有不同的供电方式，所以 PLC 的电源输入电压既有 12V 和 24V 直流，又有 110V 和 220V 交流。

（2）PLC 的软件组成　PLC 除了硬件系统外，还需要有软件系统的支撑。PLC 的软件系统由系统程序（又称系统软件）和用户程序（又称应用软件）两大部分组成。

1）系统程序。系统程序由生产厂家设计，由管理程序（运行管理、生成用户元件、内部自检）、用户指令解释程序、编辑程序、功能子程序以及调用管理程序组成。它和 PLC 的硬件系统相结合，完成系统诊断、命令解释、功能子程序的调用管理、逻辑运算、通信及各种参数设定等功能，提供了 PLC 运行的平台。

①系统管理程序。系统管理程序主管整个 PLC 的运行，它由运行管理、存储空间的分配管理和系统自检程序 3 部分组成。运行管理是对时间分配的运行进行管理，即控制可编程序控制器输入、输出、运算、自检及通信的时序。存储空间的分配管理主要是对存储空间进行的管理，即生成用户环境，由它规定各种参数、程序的存放地址，将用户使用的数据参数存储地址转化为实际的数据格式及物理存放地址。系统自检程序包括各种系统出错检验、用户程序语法检验、句语检验、警戒时钟运行等。在系统管理程序的控制下，整个 PLC 就能按要求正确地工作了。

②用户指令解释程序（包含编辑程序）。用户指令解释程序的主要任务是将用户编程使用的 PLC 语言（如梯形图语言）变为机器能懂的机器语言程序。它将梯形图程序逐条翻译成相应的机器语言，然后通过 CPU 完成这一步的功能。在实际操作中，为了节省内存，提高解释速度，用户程序是用内码的形式存储在 PLC 中的。而用户程序变为内码形式的这一步是由编辑程序实现的，它可以插入、删除、检查、查错用户程序，方便程序的调试。

③标准模块和系统调用。这部分主要是由许多独立的程序块组成的，这些模块各自能完成不同的功能，如有的能完成 I/O 功能、有的能完成特殊运算等，请些标准模块可供系统调用。

2）用户程序。PLC 的用户程序是用户利用 PLC 厂家提供的编程语言，根据工业现场的控制目的来编制的程序。它存储在 PLC 的用户存储器中，用户可以根据系统的不同要求，对原有的应用程序进行改写或删除。用户程序包括开关量逻辑控制程序、模拟量运算程序、闭环控制程序和操作站系统应用程序 。

2. PLC 的工作原理和工作方式

(1) 工作原理 PLC 的工作原理可以简单地表述为在系统程序的管理下，通过运行应用程序，对控制要求进行处理判断，并通过执行用户程序来实现控制任务。具体地说，来自现场设备的用户输入信号（如开关、按钮、传感或检测信号等）经输入单元读入 CPU，在系统程序管理下，由用户程序解读，其结果通过输出单元去驱动继电器、电磁阀或电动机等，以完成对生产机械或生产过程的控制。以上控制在执行上按串行方式进行。其工作方式是按扫描方式进行周而复始不断循环的。

(2) PLC 的工作方式 PLC 是用循环扫描的方式进行工作的，即顺序周而复始执行输入采样、程序执行和输出刷新三个阶段的串行循环工作方式，如图 5-7 所示。其各部分功能如下：

①输入处理。可编程序控制器在执行程序之前，将可编程序控制器的所有输入端子的 ON/OFF 状态，读入输入映像区。在程序执行和输出刷新阶段，输入映像区中的数据不会因为有新的输入信号而发生改变。

②程序处理。可编程序控制器根据程序存储器的指令内容，从输入映像区或其他软元件的映像区中读出各软元件的 ON/OFF 的状态，从 0 步开始依次进行运算，然后将结果写入映像区，各软元件的映像存储区随着程序的执行逐步改变其内容，而输出继电器的内部触点根据输出映像存储区的内容执行动作。

③输出处理。一旦所有指令执行结束，将输出 Y 的映像存储区的 ON/OFF 状态传输至输出锁存区，输出映像区中的数据由程序中输出指令的执行结果决定。而且在输入采样和输出刷新阶段，输出映像区的数据不会发生改变。输出端子直接与外部负载连接，其状态由输出状态寄存器中的数据来确定。

④整个工作顺序按图 5-6 中①→②→③→④→⑤→⑥周而复始地进行。

3. PLC 编程语言

一般 PLC 不采用计算机编程语言，而是采用面向控制过程、面向问题的“自然语言”编程。国际电工委员会（IEC）于 1994 年公布了 IEC61131-3《可编程序控制语言标准》。在该标准中，规定了 PLC 的梯形图（Ladder Diagram，LD）、顺序功能图（Sequential Function Chart，SFC）、功能块图（Function Black Diagram，FBD）、指令语言（Istruction List，IL）和结构文本（Structured Text，ST）等 5 种语言的句法、语义。其中，梯形图（LD）和功能块图（FBD）为图形语言；指令语言（IL）和结构文本（ST）为文字语言；顺序功能图（SFC）也称状态转移图，为一种结构块控制流程图。梯形图常被称为电路或程序，梯形图的设计称为编程，它与继电器控制系统的电路图很相似，特别适用于开关量逻辑控制；功能块图是一种类似于数字逻辑门电路的编程语言，用类似于与门、或门的方框来表示逻辑运算关系；状态转移图提供了一种组织程序的图形方法，在图中可以用别的语言嵌套编程，步、转换和动作是顺序功能图中的 3 种主要元素；PLC 指令语言是一种与微机汇编语言中指令相似的助记符表达式，它与梯形图有一一对应关系，其组成的程序称为指令（表）程序；结构文本是为 IEC 61131-3 标准创建的一种专用高级编程语言，它采用计算机的描述语句来描述系统中各种变量之间的各种运算关系，完成所需的功能或操作，与梯形图相比它有实现复杂的数字运算，编写的程序非常简洁紧凑，常被用于集散控制系统的编程和组态。

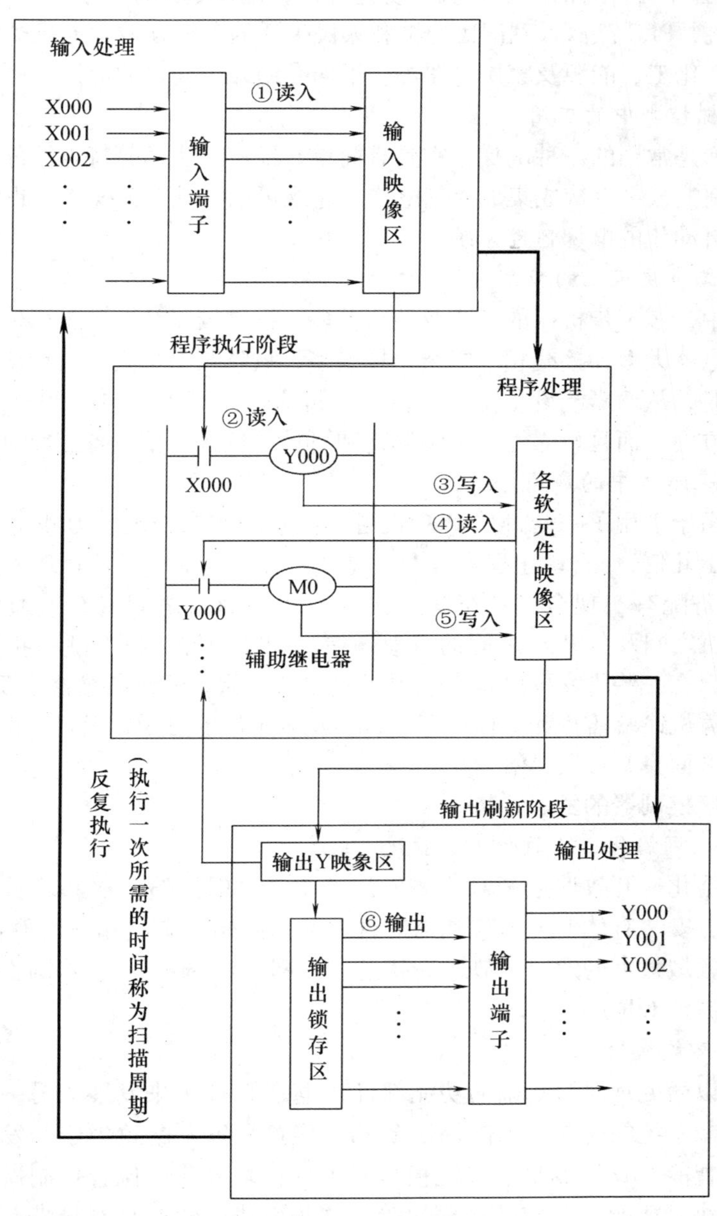

图 5-7 PLC 的循环扫描过程

三、PLC 技术的应用

从世界上第一台 PLC 诞生至今的 30 多年时间里，PLC 技术得到了迅猛的发展，其应用领域也从最初单一的逻辑控制发展到包括模拟量控制、数字控制及机器人控制等在内的各种工业控制场合，成为工业控制领域中占主导地位的基础自动化设备。在我国 PLC 技术应用也已非常广泛，如上海宝钢集团有限公司第一、二期工程中共使用了近 900 台 PLC，武汉钢铁厂、首都钢铁厂、秦山核电站、上海别克汽车生产线等都大量采用 PLC 进行自动化控制。2000 年 PLC 的国内市场销量为 15 万～20 万套（年增长率约为 12%），2005 年全国 PLC 需求量已达到25万套左右，有的用于单机自动化方面，也有的用于多机或综合系统自动化方面。从应用范围上，PLC已深入到国民经济和人民生活的各个领域，如机械加工、冶金、造纸、石油、电力、化工、能源及家用电器等。下面介绍几个简单的应用实例。

1. PLC在电梯控制中的应用

交流双速电梯是常用的一种电梯，它具有简单、经济、实用等特点，舒适感也较好。将PLC用在电梯控制上，可以构成集成控制电梯。它既可以实现有人操作，也可以实现无人操作，是一种高度自动化的电梯自控系统。

2. PLC在多工步机床上的应用

在机床行业中，多工步机床的工步及动作较多，控制较复杂，若采用传统的继电器控制方式，需要的继电器太多，接线相当复杂；接点多，故障几率也就高，给使用维修都带来困难，既费工又费时，从而影响设备工效。多工步机床采用PLC控制，可使接线及体积大大减少，安装十分方便，而且可靠性、可维修性和可扩展性好，使设备工效成倍提高。

3. PLC在自来水厂中的应用

南京某水厂由于引用了一套进口PLC设备，使水厂的水处理能力和水质大大提高（如水质比原标准高出几倍），自动化程度也大大提高，可使原水厂运行管理人员减少到原来的1/10以下。该设备配有实现全厂各车间的大小十几台PLC之间的有效通信网络，可供各PLC与上位计算机之间及各PLC之间的有效通信。配备的计算机有适时报警及打印图表功能。采用该系统，在一些国家可以基本做到无人水厂（除必要设备维修人员以外），总工程师可在家里用计算机终端监控和操作计算机，实现全水厂的自动化运行。由此可见，PLC在实现全厂自动化方面具有很大的潜力。

四、可编程序控制器的发展趋势

1. 向微型化、网络化、开放性大力推进

微型化、网络化、开放性是PLC未来发展的主要方向。随着软PLC控制组态软件的进一步完善和发展，安装有软PLC控制组态软件和PC-based控制的市场份额将逐步得到增长。当前，过程控制领域最大的发展趋势之一就是以太网（Ethernet）技术的扩展，越来越多的PLC供应商开始提供Ethernet接口。

2. 大力发展智能模块

智能模块是以微处理器为基础的功能部件，也是PLC未来发展的另一方向。为满足工业自动化各种控制系统的需要，国内外众多PLC生产厂家不断致力于开发各种新器件和智能模块，如专用智能PID控制群、智能模拟量I/O模块、智能位置控制模块、语音处理模块、专用数控模块、智能通信与计算模块等。这些模块的特点是本身带有CPU，能独立工作，它们与PLC结合，在速度、精度、适应性、可靠性等各方面都对PLC作了极好的补充，有助于克服PLC扫描算法的局限，完成许多PLC本身无法完成的功能。

3. 大力推进编程语言的标准化和高级化

PLC的编程语言主要有梯形图、状态转移图和指令表语言等，其中最常用的是梯形图。梯形图编程虽然方便直观，但随着现代PLC产品应用领域的急速扩展，尤其是对于逻辑控制以外的控制领域，如一些复杂的大规模的控制系统以及在通信联网方面的应用，仅靠梯形图编程已经不能满足需求。因此，近年来PLC已发展出了多种编程语言，有面向顺序控制的步进顺控语言和面向过程控制系统的流程图语言，以及与计算机兼容的高级语言，如

BASIC 语言、C 语言及汇编语言等。另外还有专用的高级语言，如三菱公司的 MELSAP，采用编译的方法将语句变为梯形图程序。还有很多 PLC 公司已开发了图形化编程组态软件，这种软件提供简洁、直观的图形符号及注释信息，使得用户控制逻辑的表示更加直观明了，操作和使用也更加方便。

目前国际电工委员会（IEC）已颁布了 IEC 1131-1 ~5 的五种 PLC 编程语言标准，而且很多生产厂家研制出了符合 IEC 1131-3 标准的 PLC 指令系统或软件包；但编程语言在标准化方面还有待进一步完善，以使其具有良好的兼容性。

4. 增强联网能力，促进网络通信功能标准化

网络方面的发展是 PLC 发展的一个重要特征，加强 PLC 的联网能力已成为 PLC 产品的发展趋势之一。但目前各公司的总线、扩展接口及通信功能均是各自独立制定的，各个厂家的 PLC 通信协议往往是专用的，还没有一个适合所有公司产品的统一标准。在通信接口上，虽然大多数产品采用了标准化接口，但在通信功能上却是非标准化的。近年来，许多 PLC 生产厂家都在努力使自己的产品与制造自动化协议（MAP）兼容，这将使不同机型的 PLC 之间、PLC 与计算机之间能方便地进行通信与联网，实现资源共享。因此，制定统一的、规范化的总线和标准化的 PLC 扩展接口是 PLC 今后发展的必然趋势。

5. 增强外部故障检测能力

根据分析，在可编程序控制器的故障中，CPU 板故障占 5%，I/O 接口单元故障占 15%，传感器故障占 45%，执行器故障占 30%，接线故障占 5%。除了前两项共 20% 的故障可由 CPU 本身的硬、软件检测以外，其他的 80% 的故障都不能通过自诊断查出，因此，必须大力开发专门用于检测外部故障的专用智能模块。目前，一些 PLC 生产厂家在其生产的 PLC 中增加了容错功能，如自动切换 I/O 双机表决（当输出状态与 PLC 的逻辑状态相比较出错时，会自动断开该输出）和 I/O 三重表决（对 I/O 的状态进行软硬件表决，取两个相同的），以大幅度提高 PLC 控制系统的可靠性。

第三节　精密成形和加工技术

一、精密成形技术

精密成形技术是指零件成形后，仅需少量加工或不再加工（近净成形技术或净成形技术），就可用作机械构件的成形技术。它是建立在新材料、新能源、信息技术、自动化技术等多学科高新技术成果的基础上，改造了传统的毛坯成形技术，使之由粗糙成形变为优质、高效、高精度、轻量化、低成本、无公害的成形。它使得成形的机械构件具有精确的外形、高的尺寸精度和形位精度、好的表面质量。该项技术包括近净成形铸造、精确塑性成形、精确连接、精密热处理、表面改性等专业领域，是新工艺、新材料、新装备以及各项新技术成果的综合集成技术。下面介绍几项重要的技术。

1. 超塑性成形技术

超塑性成形技术包括超塑性材料和超塑性成形工艺两个方面内容，其关键是超塑性材料的获取。这里指的超塑性材料在超塑性变性的工艺环境条件下，具有非常大的塑性，例如有一种超乎常规的超塑性金属，其延伸率为普通金属 10 ~100 倍，而常规情况下又有金属的坚硬、耐磨的特性。超塑性有细精超塑性，相变超塑性和第三类超塑性三种类型，而超塑性成

形有气胀成形、超塑深拉延、无模拉伸、超塑等温模锻、超塑成形/扩散焊接（SPF/DB）和超塑复合材成形等多种工艺。超塑性材料中研究和应用最广的是超塑合金，金属的超塑性成形技术是金属材料加工技术的一次重大变革。它的主要特点为：工艺简单，可生产形状极为复杂的构件；设备简单、吨位小、成本低、节能，尤其适用于形状复杂的小批构件。由于超塑性成形可使多个部件一次整体成形，结构强度明显提高，重量减轻，因此是当今航空工业中最引人关注的加工新技术之一。

人们在制造机械零件及各类制品时，有两个较为普遍的要求：第一是希望制品耐磨耐用、支持力强；第二是希望制造过程简单容易、省时省力。这两者往往是相互矛盾的，硬而强的东西制造起来往往工序繁多、费时费力。例如，要将金属材料，如铝、铜、钢铁，轧制成管、棒、板、带等材料，就需几千吨以至几万吨的压力机，几千千瓦至上万千瓦的轧机，越是强度大、硬度高的材料，生产起来就越困难，这些设备笨重庞大，能耗很高。一些形状复杂、精度要求高的零件，还需车、铣、刨、磨等很多道工序的机械加工，又进一步增加耗能，而且造成大量废料，这些机床大都结构很复杂而且价格昂贵。人们在研究和选择金属材料时，首先从两方面考虑：第一是它的强度、硬度，这是从使用角度考虑；第二是它的塑性、柔软性，这是从制造角度考虑。所谓塑性，是指金属在外力作用下能稳定地发生永义变形而不破坏完整性的能力，表征的数据为延伸率 δ（%）。金属的柔软性反映金属的软硬程度，它用变形抗力 σ（MPa）的大小来衡量。塑性大的材料可通过变形加工成各种适用型材，加工时所需功率大小则与其变形抗力有关。例如，普通铸铁由于塑性很低，延伸率不足1%，只能铸造，不能进行轧制、挤压、拉伸，所以它不能以型材供应。钢的延伸率要大很多，例如常用钢 Q235-A 的延伸率在 20% 以上，不论轧制、挤压、拉伸均可；但它并不柔软，其变形抗力在 900℃的高温下仍在 200MPa 之上，因此一般轧钢机的动力装置均在几千千瓦以上。为了提高金属的塑性，人们从材料的冶炼、提纯、变形加工到热处理等各个环节进行了研究改进，但所得成效有限，黑色金属的延伸率一般不大于 40%，有色金属（如铜、锌、铝）一般不大于 60%，而变形抗力则居高不下，未有太大进展。超塑合金既有一般金属所具有的强度和硬度，又在一定条件下具有超乎常规金属的塑性，延伸率为普通金属 10 倍至 100 倍，甚至在拉伸试验机上拉到尽头还不断。

（1）超塑性材料

1）超塑性的三种类型

①细精超塑性又称组织超塑性、静态超塑性和恒温超塑性。细精超塑性的组织条件可概括为晶粒三化（微细化、等轴化和稳定化），大多数金属和合金的超塑性属于这一类。细精超塑性是当今超塑性研究和应用的重点。

②相变超塑性又称动态超塑性，即在相变点上下通过温度循环，加载而积累产生大变形，故又称为环境超塑性。钢铁等常用材料显示相变超塑性，其研究开发也具有广阔的应用前景。

③第三类超塑性指在消除应力退火过程中，在应力作用下可以得到的超塑性。

超塑性材料中目前已知的超塑性金属及合金已有数百种，按基体区分，有 Zn、Al、Ti、Mg、Ni、Pb、Sn、Zr、Fe 基等合金，其中包括共析合金、共晶多元合金、高级合金等类型。超塑性变形机理研究一直是一个活跃的领域，虽然尚未有一个统一的理论，但该领域正酝酿着重大突破。

2）超塑性变形特征

超塑性变形的基本特征如下：

①力学特征。应力低，应变速率敏感指数 m 高，延伸大。

②微观特征。一是发生了大量晶界滑移和晶界迁移；二是晶粒发生转动；三是发生了三维晶粒重排；四是变形中位错发生在晶界，消失在晶界；五是晶界附近有一严重变形区；六是变形中晶粒长大，尤其在低应变速率时。

这些特征是探讨超塑性变形微观机制的基础。

（2）超塑性变性的工艺环境

1）变形温度

超塑变形一般要求材料的温度保持在 $T_c \sim T_m$，其中 T_c 为实现超塑性变形的临界温度（K），T_m 为该材料的熔化温度（K）。这是一个大体的温度界限，各个材料的最佳超塑性变形温度要通过一系列实验求得。

2）变形速率（ε）。超塑性变形的最大特点是它必须在一定的应变速率（ε）范围内进行。

必须指出，各种材料都有各自的应变速率与 δ、m、σ 的关系曲线，即 δ-ε 曲线、m-ε 曲线和 σ-ε 曲线。其中，δ-ε 为最大延伸率与应变速率关系曲线；m-ε 为应变速率敏感性指数与应变速率关系曲线；σ-ε 为变形抗力与应变速率关系曲线。

根据这些曲线选择最适宜的应变速率。一般来说，ε 值大体在 $10^{-2} \sim 10^{-4}s^{-1}$之间，此值要比常规的变形速度低很多，这是超塑性变形最大的不足之处，它限制了生产率的提高，从而也限制了超塑合金的应用范围，超塑合金只适合于在中小批量生产中使用，如新产品的试制、旅游工艺品的生产、某些军工产品的生产等。

（3）超塑性成形工艺　常用的超塑性成形工艺主要有：

①气胀成形。这是最早利用超塑性成形工艺，目前应用最多。材料在超塑状态下变形抵抗力较低，塑性极好，可像玻璃和塑料一样用气吹成形，常用于生产薄壁壳体部件，其最大的特点是工艺和设备都很简单。如抛物线状的天线、仪表壳体及美术浮雕等适合采用此方法进行生产制造。

②超塑深拉延。由于超塑材料有极高的塑性，因此可将金属板材一次深拉延成筒形零件。该方法可成形高径比很大的筒形件，成形后的薄壁均匀，还可在模腔中再次胀成瓶状部件。

③无模拉伸。即利用材料在超塑状态下具有高抗缩颈能力以及拉伸变形中变形均匀的特点，可使加热区部分按要求均匀变形。

④超塑等温模锻。此方法充分利用了超塑性材料变形抵抗力低、塑性好的特点，在不改变常规模具和设备的条件下，成形载荷大为降低，而且材料的填充性能好，对形状复杂的材料成形有非常好的适应性。超塑等温模锻被广泛用于冷冲压模具的成形。

⑤超塑成形/扩散焊接（SPF/DB）。这种方法是充分发挥超塑性材料特点的一种组合技术。材料本身在超塑状态下能高速扩散，超塑性成形的同时，也将多个部件扩散焊接成一个整体，使得结构的重量减轻、强度提高、导热性增强。所以，该方法被认为是航天、航空工业中最有潜力的新型技术之一。

⑥超塑复合材料。超塑性材料本身塑性好，与其他材料复合后可大大提高其整体性。如

纯铝与Zn-Al（其中Al的质量分数为22%）合金复合后，在250℃拉伸时，延伸率从50%提高到400%，可吹胀成形。同时，由于超塑性材料高温时扩散能力很强，可用超塑性材料作基体，制作颗粒和纤维强化复合材料。如日本大量使用的汽车减振、消音材料即为低碳钢和Zn-Al的复合板，由于该材料在超塑状态工作时的内耗高，故减振效果明显。

⑦其他。利用材料在超塑状态下强度低而塑性高的特点，工程技术人员可实现超塑切削加工成形。一些难加工材料如镍基合金，在超塑状态下切削，加工阻力小，工作效率高，表面质量和加工工具的寿命也得到了提高。现已发展的几百种超塑合金，几乎遍及各合金系。近些年来发现的金属间化合物、复合材料和陶瓷材料经细晶化处理后也有超塑性，因此为这类高性能、难加工材料的成形开拓了一条新途径。

以上这些超塑成形工艺中，超塑成形/扩散焊接（SPF/DB）是最具潜力的新型技术，特别是在航空航天工业前途非常宽广，其在钛合金、铝合金的SPF/DB组合工艺应用发展特别快。与常规工艺比较，采用SPF/DB组合工艺能使钛合金整体结构的重量减轻30%~50%，生产成本降低50%~70%。据1983年的统计，由SPF/DB组合工艺生产的200个零件已在美国的9个机种上实际应用，效果十分显著。英国在“空中客车A310”飞机上采用了1500个SPF/DB零件，有些零件已完成50000飞行小时，证明质量可靠。

必须指出，这些超塑性成形工艺必须使材料处于超塑状态下进行。而要使超塑性材料处于超塑状态，应使材料处于满足超塑状态的变形温度和变形速率的环境中。

（4）国内进展和研究重点　我国从20世纪70年代开始进行超塑性成形技术的研究，在超塑性机理及在锌合金、铝合金、钛合金、铜合金领域的开发研制方面均取得了成果，并有不少成果用于生产实际。例如，纺织工业中落纱机用的槽筒形状复杂而不规则，国内用塑胶生产的产品寿命很短而且其摩擦静电作用影响纱线质量，国外用铸铝、铸铁或不锈钢制作的产品工序多、重量大、价格高。我国研制成功用Zn-Al（其中Al的质量分数为5%）合金超塑性成形，形状精确、壁薄质轻、工序简便、价格很低，在纺织工业获得广泛应用，取代了进口产品。通信卫星地面接收站的抛物面体，曲面形状精度要求很高，用板材冷冲压不但冲压力要求很大，而且由于材料反弹，制品与模具形状不一，要求多次校正修改才能接近理论值；采用超塑性成形，压力大大减小，制品与模具形面非常接近，误差很小，一次成形，效果很好。人造卫星上使用的钛合金燃料箱为中空球体，壁厚为0.75~1.5mm，采用常规方法几乎无法成形，采用超塑性成形后顺利成形。国内从20世纪80年代初开始跟踪SPF/DB成形新技术的发展，开展了TC4钛板SPF/DB组合工艺的应用研究，先后研制出了机身框、舱门、蓄电瓶保温罩盖等构件，并装机应用。SPF/DB组合工艺在我国尚处在开发阶段，从模具到工艺参数的选择与控制，以及成形设备等诸方面与国外工业发达国家还存在较大的差距。

为了克服超塑性成形时应变速率较低而影响生产率的问题，从1985年开始，学者们致力于高应变速率超塑性成形技术的研究，目前已有应变速率达$10^{-1}s^{-1}$者，甚至达到$10^{0}s^{-1}$者，已接近常规金属加工变形时的应变速率，这是目前超塑性成形技术研究发展的一个重点。

超塑性材料的特点之一在于要求材料要具备细晶粒，一般要求晶粒直径在10μm以下，研究表明，纳米级的超细晶粒材料能极大地改善材料性能和提高其应变速率。如何控制和获得纳米级细晶粒的结构，也是超塑性成形技术发展的一个热点。

1984年在人工控制条件下获得了在铝基合金中加入硅碳化物晶须增强体的细晶复合材料，在$10^{-1}s^{-1}$的高应变速率下得到延伸率达300%的超塑性。1986年出现的细晶粒（0.3μm）钇稳定四方晶氧化锆（YTZP）在1450℃的高温下其延伸率达到了120%～800%。此后，研究工作迅速向其他材料领域如氧化铝、磷灰石、硅氧化物、铁碳化物等发展。1987年对金属互化物如钛铝化物、镍硅化物的研究也获得了可观的超塑性，这就为这些难加工材料的成形提供了一条捷径，使其可一次超塑成形为成品，避免了很多困难的加工工序。

2. 高能束加工技术

（1）激光加工技术 激光加工具有高效、精密、多用途等优点，可广泛用于耐热合金、复合材料、陶瓷材料的精密打孔、切割、焊接和热处理。由于氦-氖气体激光器所产生的激光不仅容易控制，而且方向性、单色性及相干性都比较好，因而在机械制造的精密测量中被广泛采用。用于材料加工的激光器主要有二氧化碳激光器和钕-钇铝石榴石激光器，其功率一般为80～10000W。而热处理的CO_2激光器的输出功率可高达20～100kW，效率达20%～40%，并能长时间连续工作。

1）激光热处理

①原理和特点。激光加热金属，主要是通过光子同金属材料表面的电子和声子的能量交换，使处理层材料温度升高，在10^{-7}～10^{-9}s之内，就能使作用的深度内达到局部热平衡。在金属材料表面形成的这层高温“热层”，继而又作为内部金属加热的热源，并以热传导的方式进行传热。

激光淬火就是以高能量激光作为能源，以极快速度加热工件并自冷硬化的淬火工艺。

激光热处理是一种新型的热处理工艺技术，它具有以下特点：

①可快速加热。快速冷却激光加热金属时的速度非常快，随着功率密度的提高，加热速度可达1010℃/s。由于金属具有良好的导热性，在工件有足够的质量情况下，其冷却速度可达1023℃/s以上。

②硬度高，疲劳强度高。激光淬火的硬度比普通淬火的硬度高15%～20%。因表面具有4000MPa以上的残余压应力，使疲劳强度大大提高。

③精确的局部加热。通过导电系统，激光束可以精确照射到工件的局部表面。特别是针对拐角、不通孔底部、深孔内壁等一般其他热处理工艺难以强化的表面进行处理。

④变形小，可改善劳动条件。由于不是整体加热，而是小面积扫描加热，所以淬火变形小。在硬化层深度小于0.25mm时，一般无变形，且表面光洁。激光淬火过程无烟雾，噪声小，辐射热也小，且整个操作过程易于实现自动控制，使劳动条件大为改善。

⑤需对金属表面施加吸光涂层。金属表面对激光束产生反射，由于所有金属都是10.6μm波长的CO_2激光的良好反射体，反射率可高达70%～80%。所以淬火前要对金属表面施加吸光涂层以增加吸收率，提高效率。

尽管激光热处理工艺开发时间较短，但进展较快，目前在一些机械产品的生产中已有成功的应用，例如变速器齿轮、发动机气缸套、轴承圈和导轨等。

②激光热处理工艺技术。在进行激光淬火前需对淬火表面进行黑化处理，即在被加热的表面涂一层吸光涂层，以提高激光的吸收率。常见的涂层有炭膜、胶体石墨膜或磷酸盐膜等。

钢铁材料进行激光表面淬火的主要工艺参数为：激光束的功率及光斑直径、激光束的扫描速度、涂层材料及工件化学成分。当涂层材料和工件化学成分一定时，改变激光束的功率密度和激光束的扫描速度可获得不同的硬化层深度、硬度以及组织，以达到所需的力学性能。硬化层的组织和工件化学成分有关：一般碳钢的激光硬化层组织基本是细针状马氏体；合金钢为板条马氏体+碳化物以及少量残留奥氏体；铸铁则为细针状马氏体及未溶石墨炭。激光硬化层和基体交界的过渡区组织极为复杂，呈多相状态。未照射部位仍为原始的金相组织。

2）激光焊。以聚焦的激光束产生的热量作为能源对焊缝进行焊接的方法称为激光焊。与传统的焊接方法相比，激光焊具有热影响区极小（激光焊的结晶速度比一般熔焊快10~100倍，加热和冷却速度极快）、焊点极小（焊点直径和厚度为微米数量级）、焊缝质量高（所焊产品的气密性比一般焊接方法提高了几个数量级，焊缝强度一般高于基体材料）等优点。总结起来，激光焊特点如下：

①辐射能极大，能把焊件加热到5000~9000℃，可以熔化任何难熔金属。

②由于激光能聚焦到很小光点（10μm左右），故焊缝极为窄小。

③能量极为集中，热源强度高，作用时间极短（1ms左右），故焊接时加热熔化、冷却、凝固时间极短，热影响区极小。焊缝是很细的柱状晶，晶粒细而长，适宜焊接某些难熔和热敏感强的金属，如钼等。

④由于焊接过程极短，所以不论在真空中、惰性气体中或空气中进行焊接，其效果几乎是同等的，焊件尺寸不受限制。

激光焊常应用于仪器、微型电子工业中的超小型元件和宇宙技术中的特殊材料的焊接，可以焊接同种或异种材料，其中包括铝、铜、银、不锈钢、镍、锆、铌以及难焊金属钽、钼、钨等。

美国普惠公司早已采用激光焊方法焊接了JT-8、JT-9、F-100和TF-30型发动机涡轮叶片冲击冷却管和导流片，节省了工时，降低了成本。

3）激光打孔和切割。激光打孔是激光加工的主要应用领域之一。一般机械钻头只能加工直径大于几十微米的孔，而激光则能加工直径小到几微米的孔。激光打孔具有加工材料广（特别适用于其他方法难以加工的材料）、效率高（在薄板上打1个孔不到0.001s即可完成）、打出的孔深径比可大于50:1、对工件的氧化变形和热影响很小，以及无环境污染等特点。目前，美国及欧洲一些国家都采用固体激光器对飞机发动机的燃烧室和铸造的导向叶片打孔。

在航空航天工业中可用激光切割的材料有钛合金、铝合金、镍合金、氧化铍、不锈钢、复合材料等。激光切割速度高，激光切割钛合金薄板的速度为机械方法的30倍，激光切割钢板的速度为机械方法的20倍，激光切割陶瓷材料的速度为机械方法的10倍。与常规切割方法相比，激光切割经济效益高，切口质量好，切缝窄，节省原材料，切割费用也减少70%~80%。美国用二氧化碳激光器切割F-14飞机的钛合金尾翼连接板，每架飞机可节省材料费1350美元，节省工时17.6h。国内某厂使用CO_2激光器切割飞机的条带零件，比常规切割法提高工效15倍，节省材料25%。

（2）电子束和离子注入加工技术

1）电子束加工技术。电子束加工是在真空条件下，将电子枪产生的电子经加速聚焦，形成高能量、大密度的极细束流，以极高的速度轰击工件被加工部位的一种加工方法。电子束加工技术主要有电子束打孔、电子束焊接等。

①电子束打孔。电子束打孔效率高（高达5万孔/s），能打出极小的孔（美国伊利诺大学材料研究试验室在晶体上打出的最小的孔，孔径仅为1个氢原子直径的20倍，即10^{-8}cm），其孔深径比可达100:1。航空发动机上的冷却孔不仅数量多，而且孔距和孔径都不等，最适合采用电子束打孔。

国外20世纪70年代末已研制出计算机数字控制电子束打孔机，用于发动机火焰筒、涡轮叶片、喷油盘、蜂窝消音板等零部件的打孔。

我国从国外引进的电子束打孔机，用于加工某型号发动机火焰筒的13800个气膜孔，打孔时间仅为15min。

②电子束焊。电子束焊是一种新颖、高能量密度的熔化焊方法。这种焊接方法是在真空中进行的，当电子枪的阴极通电加热到高温时，它将发射大量电子，通过强电场加速和电磁透镜的聚焦作用，可以形成一束能量（动能）极大，且十分集中的电子流，当这束电子流以极高的速度冲击焊件表面时，在冲击点上，电子流的动能转变为热能，使焊件金属熔化从而实现金属的焊接。它具有焊接速度快、焊缝深、焊件变形小、焊接强度高于基体等优点。其主要特点如下：

能量高度集中，能把焊件金属迅速加热到很高的温度，因而能熔化任何难熔的金属与合金。熔深大（深宽比可达20:1），焊缝平整，组织致密，热影响区小，焊接变形也小。

由于焊接是在真空室中进行，焊缝不会被氧化成为其他物质。因此焊缝质量高，无气孔、裂纹、夹渣等缺陷，在航空、导弹、人造卫星等尖端科学技术中得到了广泛的应用。

航空发动机工业已成为电子束焊的最大应用领域。用电子束焊接发动机的高压、中压、低压转子和机匣等零件，可省去螺栓联接，有利于提高结构的完整性，增强转子的连接刚性。

我国近年来电子束焊技术的研究发展较快，我国自行研制的高压电子束焊机已成功地解决了某发动机功率轴等多种零部件试制的技术关键。

2）离子注入加工技术。离子注入合金化是一种新型表面强化技术，用离子注入方法可以获得深度为1μm左右的近合金层，用来改善材料的性能。如W6Mo5Cr4V2高速钢制成丝锥，离子注入氮后，使用寿命提高5倍，疲劳寿命提高10倍等。

所谓离子注入，就是在真空中，将元素电离后加高电压，使离子以很高的速度硬挤入工件表面的过程。注入元素的量不受相图、固溶度及原子扩散规律的影响，可以通过测量电荷量来精确地计算注入的数量，能较好地满足被注入材料提高性能的要求。如在钢铁表面注入铬，可以代替不锈钢，提高抗蚀性能；注入铝形成Al_2O_3，改善钢的抗氧化性能。在工具钢中注入氮，如在加工塑料用的高速钢丝锥中注入氮，可提高5倍的工具使用寿命；而在硬质合金拉丝模中注入氮，则可提高11倍的工具使用寿命。

离于注入工艺有以下特点：

①离子注入深度极浅。离子注入深度一般在1μm以下。由于离子注入深度与注入机能量成正比。目前所用的注入机能量在100~200keV，将氮离子注入到铁中，注入深度仅能达到0.1~0.2μm。由于离子注入过程的热效应会使工件温度升高，可使氮原子渗入深度达到0.5μm。另外，大量离子轰击在金属表面层所产生的空位也能增加氮原子的扩散速度，使氮原子的注入深度最终达到1μm。

②离子注入量受离子束强度及注入时间影响。离子束强度越大，注入时间越长，离子注入量越多；反之，离子注入量越少。

③注入元素不受热力学相平衡、固溶度等物理冶金因素的影响。由于离子注入到金属材料表面内，既可和表层基体原子形成平衡态，也可形成非平衡态，甚至非晶态，所以能够根据需要自由地选择注入元素和基体材料组合，制备出常规冶金方法不能得到的表面相。

④离子注入层里的原子直接混合，注入层与基体金属间不形成明显的界面，故结合非常牢固，不影响工件的宏观尺寸和表面粗糙度。

⑤离子注入只需较低温度（200℃）即可进行。这样就没有普通热处理高温所带来的工件变形问题，也不改变工件正常的心部组织和性能。

由于离子注入的独特方式，可以强化各种钢及合金，包括软钢、普通碳钢、淬火工具钢、奥氏体不锈钢以及硬质合金等。

3）等离子加工技术。等离子束是利用电流通过气体产生电弧，使气体电离而生成的一种等离子高能束流。这种等离子弧实际上就是一种高度压缩了的电弧。由于电弧经过压缩（普通的电弧没有经过压缩），能量密度大、温度高（10000～30000℃或更高）、流速大（可接近音速）、可使用多种介质、其功率及各种特性能大范围调节，因此，在切割、焊接、喷涂等领域具有其他工艺所不及的优点。

①等离子弧切割。等离子弧切割是利用高温高速等离子焰流，将切口金属及其氧化物熔化，并将其吹走而完成切割过程。它属于热切割性质，这与氧气切割在本质上是不同的，由于等离子弧的温度极高，焰流速度也高，所以任何高熔点的氧化物都可被熔化并吹走，因此能切割任何金属。目前，等离子弧切割主要用于切割不锈钢及铝、镍、铜及其合金等金属和非金属材料，而且还部分地代替氧炔焰，用来切割一般碳钢。

等离子弧切割具有下列优点：

能量高度集中，温度高，可以切割任何高熔点金属、有色金属和非金属材料。

由于弧柱被高度压缩，温度高、直径小，有很大的机械冲击力；切口较窄，切割质量好、切速高、热影响小、变形小，切割厚度可达150～200mm。

成本较低，特别是采用氮气等廉价气体，成本更低。

由于等离子弧切割具有上述优点，所以在生产中，尤其在尖端技术上被广泛采用。

总之，等离子束可切割任何金属、非金属材料，切割速度快，切口窄而平整，具有广阔的应用前景。

②等离子束焊接。等离子束焊接技术在飞行器的高推比发动机上应用日益增多，主要用于发动机排气管、加力燃烧室喷管等构件，以及时效硬化镍基合金、马氏体不锈钢等材料构件的焊接，它还适用于飞行器微型管道、燃油滤管等的焊接。

3. 消失模铸造技术

消失模铸造是一种近净型铸造技术，也是当今新兴的先进精密铸造技术之一。下面介绍其原理、特点和工艺设备。

（1）消失模铸造的原理　消失模铸造是在实型铸造基础上发展起来的。实型铸造是采用可消失的聚苯乙烯塑料做成的模，替代了普通砂型铸造中原来模的一种铸造技术，因不存在普通砂型铸造从铸型中取出模样的困难，简化了铸造工序，降低劳动强度和成本，提高了生产效率而且由于实型铸造存在着铸件表面质量差，尺寸精度低，易造成中、低碳钢铸件表面增碳的缺陷，因此限制了其发展和应用，故消失模铸造技术便应运而生。20 世纪 80 年代，一些工业发达国家在实型铸造基础上，针对上述问题进行了研究，推出了 EPC-V 法铸造工艺，引起了铸造界的关注，这是铸造行业史上的一项突破。福特、通用、菲亚特等汽车公司已开始应用该工艺生产汽车、发动机和涡轮机用铸件。EPC-V 称为消失模-负压铸造，是消失模铸造技术中的一种工艺。它是采用 EPMM 材料制成模，替代了实型铸造中的聚乙烯塑料模，这种模及涂料在浇注时燃烧并在高温下分解成气体，在铸件内仅存少量的气化残留物碳和氢。它实现了砂型铸造无法实现的复杂部件的整体铸造，获得表面光洁、尺寸精确、无飞边的少余量精密铸件。

（2）消失模铸造的工艺与设备　消失模铸造按工艺方法主要分为两种：消失模-负压铸造（EPC-V 法）和消失模-精铸-负压复合铸造（EPC-CS 法）。

1）EPC-V 法铸造。EPC-V 法铸造用的设备是消失模振动计，其工艺是气化模-振动计紧实负压工艺。它利用消失模作一次性模型和不含水分、粘结剂及任何其他附加物的干砂造型，浇注和凝固期间铸型保持一定的负压度，由此获得近零起模斜度，可直接铸螺纹及曲折通道，获得表面光洁、尺寸精确、无飞边的近无余量精密铸件。

2）EPC-CS 法复合铸造。EPC-CS 法复合铸造用的设备是消失模精铸振动计，其工艺是消失模-精铸-振动紧实负压复合铸造工艺。它是用消失模代替蜡融出，将超薄型壳埋入无粘结剂干砂中，采用振动紧实造型，浇注和凝固期间铸型保持一定的负压度，而获得表面光洁、尺寸精确的无余量精密铸件。

EPC-V 法铸造工艺在欧洲、北美洲、日本及中国等得到大力开发和应用。然而，EPC-V 法铸造工艺容易使铸件内存在气化残留物和造成中、低碳钢铸件表面产生增碳、增氢缺陷（一般渗碳层深度为 0.5～2.5mm，碳的质量分数在 0.01%～0.6% 之间），使铝合金铸件的气密性较差，从而限制了 EPC-V 铸造在生产铸铝、铸钢件中的应用。为此，英国 Foseco 公司推出了 EPC-CS 法复合铸造工艺。它是采用负压造型弥补了实型铸造、熔模精铸造不能用于大件以及成本高、工艺复杂的不足，实现了无粘结剂干砂造型，解决了铸钢件的增碳问题，提高了铸件质量，消除了污染。为了解决铝合金铸件的气密性问题，产生了消失模-低压复合铸造工艺，这些复合铸造工艺继承了消失模铸造的优点，也弥补了其不足。

（3）气化模铸造技术的特点及应用

1）允许零件的结构设计有更大的自由度。

2）消除了起模斜度，可最大限度地减少铸件的壁厚，提高铸件的尺寸精度。

3）由于实现无粘结剂干砂造型，使普通铸造法的型、芯砂运输、混制，旧砂处理及回用，制芯、下芯及分箱合型等繁复工序得以消除和减化，显著降低用于这些工序的巨大工作量和高额成本，减少影响铸件质量的人为因素，使铸件成品率和生产率大为提高。其干砂 95% 以上可以回用而不需处理。

4）可实现砂型铸造无法实现的复杂部件的整体铸造，获得表面光洁、尺寸精确、无飞边的近无余量精密铸件。

5）落砂和清理铸件的工作量及设备大大减少。

由于 EPC-V 法具有上述优点，在国内外得到广泛的应用，如沈阳铸造研究所和工厂合作，生产了高铬、低铬铸铁和高铬钢等 20 多种耐磨铸件，年产量为 5000～7000t，铸件综合成本降低 13.5%。

在EPC-V法中，由于EPS在高温下分解的产物中有一部分裂解碳聚集在铸件表面造成缺陷，铸铁件（特别是球铁件）表面出现积碳、皱褶等缺陷，使低碳钢、不锈钢铸件表面增碳。为了解决上述问题，美国DOW化学公司在20世纪80年代已研究开发出一种专门用于EPC-V法的EPMMA材料，用它制作的消失模当时已在美国通用汽车公司的Saginow中心铸造厂应用，近年又在美国的其他生产厂家及日本、欧洲应用，专门用来生产球墨铸铁或低碳钢、不锈钢的EPC铸件。近年来，我国浙江省化工研究院等也研究了EPMMA。国产的EPMMA消失模使涂料涂挂性好，燃烧及高温分解时基本上无黑烟，残留物少，浇注球铁铸件无积碳、皱皮。

EPC-CS法用的消失模在浇注前已清除，因此从根本上消除了积碳、皱褶、增碳问题，可实现熔模铸造无法铸出的几百千克的无余量精密铸件。EPC-CS法可用于铸造各种复杂的大型合金精密铸件。沈阳铸造研究所与沈阳第一阀门厂采用该工艺批量生产质量为28kg的不锈钢阀体铸件等。该工艺也存在着EPS原材料质量差、影响铸件表面质量和尺寸精度、模具制作成本高、生产周期长等缺点。

消失模以其独有的先进性、实用性在铸造行业得到广泛应用。我国在研究和应用消失模铸造技术方面已趋成熟，但与一些发达国家相比，产量和生产规模小，机械化、自动化和专业化程度低，消失模用原材料和涂料质量有待提高，制模技术不配套、不过关。由此可见，这项新技术需要研究和开发的内容还很多，发展的潜力还很大，必将在我国铸造生产中发挥越来越重要的作用。

4. 新型表面改性技术

以前常用的表面改性技术有表面涂层法、添氮、阳极氧化、化学气相沉积、物理气相沉积、离子束溅射沉积等，而这里所说的新型表面改性技术是指离子注入表面改性技术、等离子体表面改性技术、激光表面改性技术、离子束辅助沉积表面改性技术和氟特加氟碳表面改性涂层材料技术等。这些新型的表面改性技术是最新的高科技成果，它们把金属表面改性推到了一个新的水平，为新的精密成形技术作出了贡献。下面仅介绍激光表面改性技术和氟特加氟碳表面改性涂层材料技术两种。

（1）激光表面改性技术　激光表面改性技术主要包括激光表面相变硬化、激光熔覆、激光表面合金化、激光熔凝、激光冲击硬化、激光非晶化及微晶化等多种工艺。其中，激光表面合金化、激光表面相变硬化和激光熔覆是目前国内外研究和应用最多的几种工艺。

1）激光表面相变硬化

①特点。与传统热处理工艺相比，激光表面相变硬化具有淬硬层组织细化、硬度高、变形小、淬硬层深精确可控、无需淬火介质等优点，可对碳钢、合金钢、铸铁、钛合金、铝合金、镁合金等材料所制备的零件表面进行硬化处理。

②应用实例

例5-1　内燃机活塞环沟内侧面激光相变硬化。

活塞环是内燃机易损基础件之一。为提高活塞环耐磨性，延长其使用寿命，对由42CrMo钢制备的活塞环沟内侧面进行激光相变硬化处理。

工艺：激光输出功率1.65kW，扫描速度22mm/s，光斑直径3mm。

效果：激光硬化区主要是由细长板条马氏体和其间不连续分布的奥氏体所组成；除位错亚结构外，在局部区域还出现了平行排列的微细孪晶组织；硬化区最大硬度为713HV0.1；

硬化层深为 0.5mm；激光硬化表面粗糙度基本保持不变，变形量满足形位公差要求。

例 5-2 螺杆压缩机转子轴颈激光相变硬化。

螺杆压缩机转子是制冷机的关键部件，现多采用球墨铸铁制备而成，其主要失效形式是轴颈发生严重磨损。为此，采用激光相变硬化技术对轴颈进行强化处理。

工艺：激光输出功率 1.1 ~ 2kW，扫描速度 17mm/s，光斑直径 4mm。

效果：激光硬化区主要是由针状马氏体、奥氏体及团絮状组织所组成；硬化区平均硬度达 60HRC 以上；硬化区层深为 1mm；使用寿命提高 3 倍。

2）激光熔覆

①特点。激光熔覆是指以不同的添料方式在被熔覆基体表面上放置被选择的涂层材料，经激光辐照使之和基体表面一薄层同时熔化，并快速凝固后形成稀释度极低、与基体成冶金结合的表面涂层，从而显著改善基材表面的耐磨、耐蚀、耐热、抗氧化及电气特性的工艺方法。与堆焊、喷涂、电镀和气相沉积相比，激光熔覆具有稀释度小、组织致密、涂层与基体结合好、适合熔覆材料多、粒度及含量变化大等特点。

②典型激光熔覆工艺

例 5-3 宽带激光熔覆 Ni-WC 复合涂层。

熔覆材料体系：基材为 38CrMoAl，涂层材料为 Ni60B + WC（其中 WC 的体积分数为 25%）复合熔覆粉末。

工艺：激光输出功率为 2.2kW，扫描速度为 3mm/min，送粉率为 9g/min，光斑尺寸为 15mm × 1.5mm。

效果：复合涂层熔覆区主要是由 g-Ni、WC、W2C、M23C6 及 M7C3 所组成；涂层厚度为 1mm；稀释度为 7%；涂层合金最高硬度为 900HV。

应用范围：轴件修复；产品保护层，以提高使用寿命。

3）激光表面合金化技术。激光表面合金化，是激光束与材料表面互相作用，使材料表面发生物理冶金和化学变化，达到表面强化的方法。该技术的特点是：一能在材料表面进行各种合金元素的合金化，改善材料表面的性能；二能在零件需要强化的部位进行局部处理。所以，该技术对节约能源、节省材料、提高产品零件的使用寿命具有重要的意义。

近一二十年来，许多国家和地区投入了大量的人力与物力进行了此项目的研究。在基材方面，除研究了多种黑色金属外，还研究了铝合金、钛合金、铜合金、镍基合金等。添加的合金元素有 Ni、Cr、W、Ti、Co、Mn、Mo、B 等。研究重点有如下四个方面。

①工艺研究包括工艺方法、合金元素和工艺参数（激光光斑形状与尺寸、功率、扫描速度）的选配等研究工作。

②理论分析包括激光表面合金化的传热和传热数学模型计算。

③合金层的组织与性能研究，重点侧重于耐磨性研究。有的也进行了耐腐蚀及抗氧化的研究。

④应用研究包括如在排气阀门、阀座、高速钢刀具及汽车活塞等零件上的应用。

在我国，激光表面合金化的应用也已取得一定成效，如：北京机床研究所用复合合金粉末激光合金化处理的 45 钢基无心磨床托钣，在生产车间使用，比原来 CrWMn 钢淬火的托钣寿命提高 3 ~ 4 倍；北京机电研究所对拖拉机换向拨叉、螺母攻螺纹机料道、轴承扩孔模、冲材模、电厂排粉机叶片及铝活塞等零件上的应用研究，取得了很好的效果，拨叉、料道使用寿命提高10倍以上，冲材模、排粉机叶片使用寿命提高2~3倍。激光表面合金化用于铝活塞环槽强化，经装车试验，运行1.42×10^5km以后拆检结果，头道环槽的侧隙仅为0.11mm，如果减去0.04~0.05mm的原始侧隙，则环槽最大磨损量仅有0.07mm。所以，激光表面合金化用于铝合金的强化是十分有效的。

今后，对激光表面合金化研究的重点主要有以下三方面：

①激光表面合金化工艺材料的研究。目前，激光表面合金化所用的合金粉末都是采用等离子喷涂和等离子喷焊的粉末，在使用中工艺性能不太理想。为此，应针对激光表面合金化的工艺特性，提高合金粉末材料的防护、浸润性、流动性等性能，研制出适于激光表面合金化的合金粉末。

②激光表面合金化可控性的研究。所谓可控性研究，就是根据零件使用条件，对激光表面合金化的合金成分及性能进行严格控制。这项研究的成功，将标志着激光表面合金化技术的成熟，就可进入数据库及专家决策系统的研究。

③大力开展激光表面合金化应用性研究。激光表面合金化技术由实验室阶段进入生产应用阶段，还有一定的过程。生产应用中要解决工艺材料及工艺装备长期运行的稳定性与可靠性问题，这是一个综合技术问题。

（2）氟特加氟碳表面改性涂层材料技术　氟特加氟碳涂层技术是采取物理化学方法在金属、非金属物体表面涂上一层氟碳表面活性物质的过程。在涂到固体表面时，形成一薄层（4~8nm）特殊取向的分子膜，它们可使材料表面改性，赋予表面以耐磨、抗粘着、耐腐蚀和其他一些特殊的性能，大大提高耦联零件的耐磨性，从而改善机器、机床、工业机器人、橡胶制品、各种工艺设备、金属材料以及切削工具和其他工具的工作动态性能。氟特加氟碳耐磨涂层材料的化学全称是全氟聚氧烷基（CnF2n+10）碳酸或磺酸的氮素衍生物。

1）基本原理。氟特加氟碳耐磨涂层材料是以氟碳链取代碳氢链作为分子中非极性基团的表面活性材料，其独特性质直接与氟碳链相关，更进一步讲是取决于氟元素的独特性质。

氟元素是电负性最强的元素，它具有高氧化势、高电离能，这种特性一方面造成氟—碳键（F—C）键能高（实际上氟—碳键是已知键能最高的共价键），因而氟碳链结构远比碳氢结构稳定；另一方面，氟原子非常难以被极化，使氟碳链极性比碳氢链小。正是因为这种低极性，氟碳链疏水作用远比碳氢链强烈（其实，低极性不但使氟碳链疏水，而且还疏油，这里“油”是指碳氢类化合物）：另外，低极性又导致氟碳链相互间作用力弱。这两个因素共同作用使得氟碳表面活性剂分子在水溶液中有比其他表面活性剂分子更加强烈的倾向来脱离水溶液，在液/气界面上定向聚集排列成分子膜，从而使其具有与其他表面活性剂所不同的两种特性：一是在极低应用浓度下便能显著降低水溶液的表面张力；二是极高的表面活性，即可将水溶液表面张力能降到极低水平。另外，氟特加氟碳耐磨涂层材料还具有极高的稳定性。这是因为：一方面，氟—碳键（F—C）键能高，很难被破坏；另一方面，氟原子对碳—碳键（C—C）具有屏蔽效应。氟原子的半径比氢原子大，可有效地将全氟化的碳—碳键（C—C）屏蔽保护起来，减少碳—碳键（C—C）被破坏的可能，但同时氟原子半径又没有大到足以在氟碳链中引起立体张力的程度，因此使氟碳链更加稳定。

2）特点。氟特加氟碳（改性）涂层材料的主要特点：一是具有极高的表面活性；二是热稳定性高，进行表面处理后，能在-200~450℃条件下不发生分解，瞬时耐温可达700℃；三是化学稳定性好，可在酸、碱、强氧化介质等特殊应用体系中稳定有效地发挥其表面活性作用，不会与体系发生反应或分解；四是相容性好，高的化学稳定性就意味着高的化学惰性，氟碳涂层材料能与其他各类活性剂很好地相容（并非相溶），并可应用于几乎所有配方体系。

氟特加氟碳耐磨涂层除了具有一般含氟表面活性材料的“三高两憎”（高表面活性、高耐热稳定性、高化学惰性、憎水性和憎油性）特点外，还体现出其四个独特的个性：一是涂层的极端牢固性和屏蔽功能；二是润滑油膜的保护功能（防漫流功能）；三是对油（液）膜物理状态的转换功能；四是成膜的自补功能。

涂层具有极端牢固性和屏蔽功能的原因是：氟碳分子与固体表面（除纯钛以外）自由电子的结合，具有牢不可破的吸附性，从而对固体表面有着非常好的屏蔽功能。由于氟碳分子的低极性，又导致氟碳链相互间作用力弱，不会形成叠加，在表面形成的定向分子膜始终保持在 4 ~ 8nm 的厚度。氟特加氟碳表面改性涂层对固体表面起到提高表面的耐压性、降低表面能和表面摩擦系数的作用，避免接触表面微裂纹的扩大，提高材料（其中包括聚合物、橡胶等）表面的致密性，增强材料抗腐蚀性。

正是由于氟特加氟碳涂层材料具有极高的表面活性、热稳定性、化学稳定性和憎油、憎水特性及油膜层的四个独特的个性，加上不含任何固体物质，不改变机械的公差，所以该产品被广泛应用于空间轨道站的润滑和密封系统。

3）应用。氟特加氟碳表面改性涂层材料是苏联根据航天器在太空恶劣环境下，摩擦润滑材料必须达到无固体颗粒、不改变机械公差、化学稳定性和热稳定性高、耐候性强、减摩抗磨效果好、综合性能持续时间长的需要，而开发的一种全新的涂层材料。不久前，氟碳涂层技术获准进入中国市场。该技术进入中国市场以来，以其广泛的应用领域和卓越的应用效果赢得了广泛的注目和信任，并获得了成功。例如，在某集团测试中心的检测表明，经过氟特加处理的金属表面，可将承载质量由普通润滑油条件下的94kg 提高到 114kg，由普通齿轮油润滑条件下的 120kg 提高到 152kg。又如某厂对航天器调节齿轮经处理后，齿轮的耐磨性提高了 5 倍。另外，某市对数十台柴油发电机处理后，输出功率平均提高 25%，燃油平均消耗减少 20%，润滑油消耗减少 50% 以上。对该市电厂的空气压缩机进行处理后，在同等做功条件下，气缸压力在 8min 内提高了 1.01×10^5Pa，60min 后提高了 2.02×10^5Pa，制压时间缩短了 1/4。某内燃机厂对内燃机喷油嘴处理后，在同样做功条件下，内燃机燃烧室温度下降 100℃，喷油距离增加 50%，油嘴积炭现象消失。

5. 精密成形的发展趋势

1）成形精度向净成形的方向发展。当前精密成形技术已在较大程度上实现了近净成形，即制造接近零件形状的工件毛坯，与传统成形技术相比减少了后工序的切削量，减少了材料、能源的消耗。精密成形的发展趋势是实现净成形，即直接制成符合形状要求的工件。据国际机械加工技术协会预测，塑性成形与磨削相结合，将取代大部分中小零件的切削加工。

2）成形工艺向新型加工方法以及复合工艺方向发展。激光、电子束、离子束、等离子体等多种新能源及能源载体的引入，形成多种新型成形与改性技术，一些特殊材料（如超硬材料、复合材料、陶瓷等）的应用造就了一批新型复合工艺的诞生，如超塑成形/扩散焊接技术。

3）成形装备沿着“单机自动化—流水线自动化—柔性、集成系统”方向发展。由于激烈的市场竞争，生产方式将由大批量单品种转向多品种变批量，为快速响应市场又要求成形的高速度，各类传感器技术、计算机技术、信息和控制技术的发展支撑着精密成形装备从单机到系统的自动化、柔性化、集成化。

4）成形质量控制过程向智能化方向发展。质量控制是为了保证优化的工艺，提高产品质量，保证稳定不变的工艺条件，得到分散度极小的均一的产品质量。为此，在生产过程自动化、工艺参数在线控制、生产工艺因素对工艺效果影响的模拟基础上，实现控制过程智能化，并实现上述目标，是当前的主要方向。

5）工艺模拟及优化技术获得飞速发展，工艺由“技艺”向“工程科学”方向发展。精密成形技术的一个重要发展趋势是工艺设计由经验判断走向定量分析，应用数值模拟于铸造、锻压、焊接、热处理等工艺设计中，并与物理模拟和专家系统结合，来确定工艺参数、优化工艺方案、预测加工过程中可能产生的缺陷及采取有效防止措施，控制和保证加工工件的质量。

代表性的技术有虚拟铸造技术，虚拟锻压技术，焊接、热处理工艺过程模拟及质量预测、组织性能预测，成形工艺-模具-产品 CAD/CAM 一体化技术。

6）精密成形制造向虚拟制造和网络制造方向发展。与制造技术向虚拟制造和网络制造方向发展，并最终实现全球化生产的方向一样，精密成形制造也向虚拟制造和网络制造方向发展，如精密模具制造目前已在国内开展分散网络制造的研究及应用示范。

7）精密成形生产向清洁生产方向发展。清洁生产技术是协调工业发展与环境保护矛盾的一种新的生产方式，是21世纪制造业发展的重要特征。

精密成形清洁生产技术有如下主要意义：一是高效利用原材料，使环境保持清洁；二是以最小的环境代价和最小的能源消耗，获取最大的经济效益；三是符合持续发展与生态平衡的需要。

二、超高速、超精密加工技术

1. 超高速加工技术

超高速加工技术是指采用超硬材料的刀具，通过极大地提高切削速度和进给速度来提高材料切除率、加工精度和加工质量的现代加工技术。它包括超高速切削和超高速磨削两方面。

（1）含义

1）超高速加工技术内涵主要包括超高速切削与磨削机理研究、超高速主轴单元制造技术、超高速进给单元制造技术、超高速加工用刀具与磨具制造技术，以及超高速加工在线自动检测与控制技术等。

2）超高速加工的切削速度范围因不同的工件材料、不同的切削方式而异。

①超高速切削各种材料的切削速度范围：铝合金已超过1600m/min，铸铁为1500m/min，超耐热镍合金为300m/min，钛合金为150～1000m/min，纤维增强塑料为2000～9000m/min。

②切削工艺的切削速度范围：车削700～7000m/min，铣削300～6000m/min，钻削200～1100m/min，磨削250m/s以上等。

（2）超高速加工的现状　工业发达国家对超高速加工的研究起步较早，水平较高。在此项技术方面，处于领先地位的国家主要有德国、日本、美国、意大利等。

在超高速加工技术中，超硬材料工具是实现超高速加工的前提和先决条件，超高速切削磨削技术是现代超高速加工的工艺方法，而高速数控机床和加工中心则是实现超高速加工的关键设备。下面就超硬材料工具、超高速切削技术、高速和超高速磨削技术进展情况进行介绍。

1）超硬材料工具。目前，刀具材料已从碳素钢和合金工具钢，经高速钢、硬质合金钢、陶瓷材料，发展到人造金刚石及聚晶金刚石（PCD）、立方氮化硼及聚晶立方氮化硼（CBN）。切削速度也随着刀具材料创新而从以前的12m/min提高到1200m/min以上。砂轮材料过去主要是采用刚玉系、碳化硅系等，美国GE公司于20世纪50年代首先在金刚石人工合成方面取得成功，20世纪60年代又首先研制成功CBN。20世纪90年代，陶瓷或树脂结合剂CBN砂轮、金刚石砂轮线速度可达125m/s，有的可达150m/s，而单层电镀CBN砂轮可达250m/s。因此有人认为，随着新刀具（磨具）材料的不断发展，每隔10年切削速度要提高1倍，亚音速乃至超声速加工的出现也不会太遥远了。

2）超高速切削技术。1976年，美国Vought公司研制了一台超高速铣床，最高转速达到了20000r/min。特别引人注目的是，德国Darmstadt工业大学生产工程与机床研究所（PTW）从1978年开始系统地进行超高速切削机理研究，对各种金属和非金属材料进行高速切削试验。自20世纪80年代中后期以来，商品化的超高速切削机床不断出现，超高速机床从单一的超高速铣床发展成为超高速车铣床、钻铣床及至各种高速加工中心等。瑞士、英国、日本也相继推出超高速机床。日本日立精机的HG400Ⅲ型加工中心主轴最高转速达36000～40000r/min，工作台快速移动速度为36～40m/min。采用直线电动机的美国Ingeroll公司的HVM800型高速加工中心进给移动速度为60m/min。

3）高速和超高速磨削技术。在高速和超高速磨削技术方面，人们开发了高速和超高速磨削、深切缓进给磨削、深切快进给磨削（即HEDG）、多片砂轮和多砂轮架磨削等许多高速、高效率磨削，使高速、高效率磨削技术在近20年来得到长足的发展及应用。德国Guehring Automation公司于1983年制造出了当时世界第一台最具威力的60kW强力CBN砂轮磨床，磨削速度v_s达到140～160m/s。德国阿亨工业大学、Bremen大学在高效深磨的研究方面取得了世界公认的高水平成果，并积极在铝合金、钛合金、因康镍合金等难加工材料方面进行高效深磨的研究。德国Bosch公司应用CBN砂轮高速磨削加工齿轮齿形，采用电镀CBN砂轮超高速磨削代替原需经滚齿及剃齿加工的工艺，加工16MnCr5材料的齿轮齿形，v_s=155m/s，其Q′（材料切除率）达到811mm/(mm·s)。德国Kapp公司应用高速深磨加工泵类零件深槽，工件材料为100Cr6轴承钢，采用电镀CBN砂轮，v_s达到300m/s，其Q′=140mm/(mm·s)；磨削加工中，可将淬火后的叶片泵转子10个一次装夹，一次磨出转子槽，磨削时工件进给速度为1.2m/min，平均每个转子加工工时只需10s，槽宽精度可保证在2μm，一个砂轮可加工1300个工件。目前，日本工业实用磨削速度已达200m/s；1996年，美国Conneticut大学磨削研究中心的无心外圆高速磨床上，砂轮最高磨削速度达250m/s。

近年来，我国在高速和超高速加工的各关键领域，如大功率高速主轴单元、高加减速直线进线电动机、陶瓷滚动轴承等方面也进行了较多的研究，但总体水平同一些工业发达国家尚有较大差距，仍需进一步提高。

（3）超高速加工的关键技术

1）超高速切削关键技术。超高速加工一般由计算机进行控制，是一门综合技术。实际应用中还有许多关键技术有待解决，这些问题包括：高速机床的动态、热态特性，刀具材料、几何形状与刀具寿命的关系，高速机床刀具、工夹具及其工艺参数，冷却润滑、切屑排除和安全操作，CNC 高速和高精度控制系统等。下面就一些主要技术进行介绍。

①超高速电主轴控制用的矢量控制 PWM 交流变频控制器。电主轴是高速数控机床的关键部件，轴承多采用陶瓷球轴承、磁浮轴承和空气静压轴承。高质量的电主轴从静止到最高速仅需 1.5s，加速度达到 $9.8m/s^2$。这些参数要求主轴控制器具有极高的动态品质、精度、可靠性和可维护性。矢量控制 PWM 交流变频系统是实现这种控制的最佳选择。

矢量控制包括坐标变换、矢量运算（非线性的复杂运算）及参数检测。对于交流电动机瞬时值进行控制的必要条件是高速运算。应用专用 CPU 的 32 位 DSP（Digital Signal Processor）提高运算速度，执行一条指令只需几纳秒，从而达到了转矩快速响应的目标。高速化的另一个因素是采用了固体驱动电路即全数字化的 H/W 电流控制系统。电动机转速的自适应辨识系统，以及电压、电流测试信号经过采样数据的处理，求出可信度极高的电动机动态参数值。这种矢量控制 PWM 变频系统的性能及规格要求是：采用矢量控制，在 1Hz 时有 150% 以上的高起动转矩；采用 1GBT 智能功率模块，载波频率高（大于 15kHz）；采用 32 位 DSP 及 MPU 芯片，由双 CPU 实现全信号数字处理的复杂矢量运算和 PWM 控制；实现故障自诊断监控及显示；具有参数自检测和离线自设定功能；具有基于神经网络的自适应转速辨识能力；具有两种速度控制方式，即恒转矩和恒功率；输出频率范围为 0.1 ~ 400Hz；加减速时间为 0.1 ~ 300s 等。

②超高速给进系统采用的快速响应、高定位精度、瞬时变结构的实时控制伺服系统和直线电动机驱动系统。超高速加工不但要求机床有极高的主轴速度，而且要求有很高的进给速度和加速度，进给速度一般大于 30m/min，加速度达到 $9.8m/s^2$。在滚珠丝杠驱动方式下，其极限值约为 60m/min 和 $9.8m/s^2$；而使用直线电动机后进给速度可达到 160m/min 以上，

82 加速度达 2.5g 以上，定位精度高达 0.5 ~ 0.05μm。由于采用快速、精密、高速度和耐用的直线电动机，避免了滚珠丝杠（齿轮、齿条）传动中的反向间隙、惯性、摩擦力和刚度不足等缺点，实现了无接触直接驱动，获得一致公认的高精度、高速度位移运动（在高速位移中具备极高的定位精度和重复定位精度），并获得极好的稳定性。但要达到这些要求，必须有高性能和高灵敏度的伺服驱动系统。

目前，全数字交流驱动系统已得到较普遍应用，它为伺服控制的高灵敏度及变结构控制打下了基础。其采用专用 CPU 进行电流环、速度环、位置环的全闭环控制，且采用前馈控制，利用伺服跟踪预测进行前向补偿以减少跟踪误差，加快了响应速度，增加了非线性补偿控制功能，补偿了驱动机械静摩擦和粘性阻力产生的误差；利用鲁棒控制理论进行自校正控制，克服了转矩惯性及负载变化引起的误差；在高速运动中为保证高定位精度，应用磁式高分辨率绝对位置编码器，如每转 100 万条刻线、分辨率达到 0.01μm 等先进技术。为达到高速加工中的响应速度快、抗干扰能力强及定位精度高等优良性能，采用一种变结构的伺服控制方式。变结构伺服控制方式能够在系统瞬态变化过程中改变系统结构，而这种变化是由系统当前的状态所决定的，且这种系统具有对系统参数及外扰变化的不敏感性，并能够改善系统的动态特性，使系统快速、准确地定位或跟踪给定曲线。

③为了提高超高速加工的复杂产品精度，系统采用了精简指令集 CNC 控制系统。为了在超高速加工复杂零件时获得高精度，许多 CNC 系统采用了精简指令集系统简称 RISC，它

可以计算系统参数产生的预期误差，并根据实际需要进行修正，从而使实际轨迹精确地跟踪编程轨迹，消除跟踪误差。RISC 还具有控制加、减速，优化执行程序等功能。这种系统均已采用 32 位 CPU，有些已采用 64 位 CPU，并带有小型数据库，兼有 CAM 功能，具有 MAP3.0 通信能力；采用 C 语言编程，具有工具监控功能。

④其他辅助技术。高速加工中还会遇到其他一系列问题，主要是：机床加工中的非线性、多点热源温升引起的快速变形，刀具和工件的故障检测及安全控制，高速冷却和快速排屑，整体加工中的可靠性，以及为了提高效率而必须与之相配的科学化管理技术等。

为了解决上述问题，在控制技术方面，主要是通过 PMC 内部可编程机床控制器实现快速响应。

在热变形中进行多变量控制算法。在多输入、多输出系统中，对多个变量实现快速控制，以辅助热源或辅助冷源实现机床预冷或预热。

由于主轴以每分钟几万转的速度高速回转，极大的离心力可使破裂的刀片飞向四周。除了应加固防护罩和加强视窗坚固性外，必须在线监控系统刀具破损和磨钝，一旦发生不正常的迹象，需要报警并进行安全保护控制。

高速加工中的大量切屑往往会阻塞工作台面造成运动不畅，并且高速切屑产生的高温，会造成机床变形和烧灼人体。解决这一问题，一般办法是通过 PMC 控制高压切削液（压力为 5516 ~ 6895kPa），使流量达 4.54m^3/min，从而起到排屑和冷却的双重作用。

可靠性问题在高速加工机床中进一步突出。其原因是在这种加工中影响可靠性的综合因素繁多，如自动换刀系统，在主轴高速切削中如发生任何问题，就可能产生极大的财产损失或人身伤亡，所以往往不设置换刀机械手而由主轴头移动直接换刀。对控制系统而言，它的 MTBF（平均无故障工作时间）要高于普通数控机床几十倍，才能达到应有的效率和加工零件质量。

⑤超高速加工用刀具、磨具及材料也是超高速加工技术的关键。高速切削刀具应采用涂层，如纳米增韧陶瓷、超硬立方氮化硼（CBM）等新材料，以及与之相配套的先进换刀技术。

⑥超高速加工测试技术。它是对超高速加工机床主轴单元、进给单元系统和机床支承及辅助单元系统等功能部位和驱动控制系统进行监控的技术，也是对超高速加工用刀具的磨损和破损、磨具的修整等状态以及超高速加工过程中的工件加工精度、加工表面质量等进行在线监控的技术。它是保证高速加工机床运转的重要手段。

⑦存在问题和解决办法。高压大流量的切削液在加工中起到了减小摩擦，降低温度，提高加工精度、表面质量和刀具寿命，并有利于断屑和排屑的作用。但是使用大量切削液不但增加了生产成本，而且造成严重的环境污染。根据美国一些企业统计，消耗在切削液和废液处理方面的费用，目前已占生产成本的 14% ~16%，而刀具费用只占生产成本的 2% ~4%。为了保护环境和降低生产成本，最好的办法是不采用切削液，而采用干切削。在进行干切削时，必须选用合适的刀具材料，并进行专门的刀具结构设计和选择经过试验的工艺参数。

目前国际上虽有直线电动机应用于高速进给系统中，但是仍存在发热严重、功率较小、价格较高和对周围环境要求过高等缺陷。选择合适的材料和制造工艺，可以解决这些问题。

高速电主轴单元由主轴、轴承、内装式电动机和刀具夹持装置四部分组成。内装式电动机的采用大大简化了主轴单元结构，但是内装式电动机的发热使电主轴热态特性和动态特性变差。目前国际上一般采用气油润滑和喷射润滑等技术解决发热问题，并将切削液经过电主轴孔通向刀柄起到冷却作用。

2）超高速磨削关键技术

①超高速主轴。提高砂轮线速度主要是通过提高砂轮主轴的转速来实现的。因而，为实现高速切削，砂轮驱动和轴承转速往往要求很高。主轴的高速化要求主轴具有足够的刚度，并且回转精度高、热稳定性好、工作可靠、功耗低、使用寿命长等。为减少由于切削速度的提高而增加的动态力，要求砂轮主轴及主轴电动机系统运行极其精确，且振动极小。目前，国外生产的高速和超高速机床，大量地采用电主轴。国外的高速电主轴发展很快，目前国际上最高质量的电主轴是瑞士 Fisher 公司的产品（$n_{max}=40000$r/min，$W=40$kW）。转速高达 200000r/min、250000r/min 的实用高速电主轴也正在研究开发中。我国沈阳工业学院研制的超高速车铣床，采用的电主轴调速范围为 0～18000r/min，最大输出功率为 7.5kW。

主轴轴承可采用陶瓷滚动轴承、磁浮轴承、空气静压轴承或液体动静压轴承等。陶瓷滚动轴承具有重量轻、热膨胀系数小、硬度高、耐高温、高温时尺寸稳定、耐腐蚀、使用寿命长、弹性模量高等优点；缺点是制造难度大，成本高，对拉伸应力和缺口应力较敏感。磁浮轴承的最高表面速度可达 200m/s，可能成为未来超高速主轴轴承的一种选择。目前磁浮轴承存在的主要问题是刚度与负荷容量低，所用磁铁与回转体的尺寸相比过大，价格昂贵。由于空气静压轴承具有回转速度高、没有振动、摩擦阻力小、经久耐用、可以高速回转等特点，可用于高速、轻载和超精密的场合。而液体动静压轴承无负载时动力损失太大，主要用于低速重载主轴。

②超高速磨削砂轮。超高速磨削砂轮应具有好的耐磨性，高的动平衡精度和抗裂性，良好的阻尼特性，高的刚度和良好的导热性等，通常由高力学性能的基体和薄层的磨粒组成。砂轮基体应避免产生残余应力，在运行过程中的伸长应小。通过计算砂轮切向和法向应力，发现最大应力发生在砂轮基体内径的切线方向，这个应力不应超出砂轮基体材料的强度极限。大部分实用超硬磨料砂轮基体为铝或钢。日本和欧洲也开发了其他材料，如 CFRP 复合材料的 CBN 砂轮。虽然 CFRP 弹性系数低，但弹性系数与相对密度的比率高，可以抵制砂轮在半径方向的延伸。CFRP 的另一个优点是线性伸长系数较低。目前以 CFRP 为基体直径 380mm 的 CBN 砂轮，可实现 200m/s 的磨削速度，进给速度为 2m/s。日本在 400m/s 的超高速磨床上，采用 CFRP 为基体直径 250mm 的陶瓷结合剂 CBN 砂轮，已实现 300m/s 的磨削试验。

超高速砂轮可以使用刚玉、碳化硅、CBN、金刚石磨料。结合剂可以用陶瓷、树脂或金属结合剂等。树脂结合剂的刚玉、碳化硅、立方氮化硼磨料的砂轮，磨削速度可达 125m/s。单层电镀 CBN 砂轮的磨削速度可达 250m/s，试验中已达 340m/s。陶瓷结合剂砂轮的磨削速度可达 200m/s。同其他类型的砂轮相比，陶瓷结合剂砂轮易于修整。与高密度的树脂和金属结合剂砂轮相比，陶瓷结合剂砂轮可以通过变化生产工艺获得大范围的气孔率，特殊结构砂轮具有 40% 的气孔率。由于陶瓷结合剂砂轮的结构特点，使得修整后容屑空间大，修锐简单，甚至在许多应用情况下可以不修锐。采用片状烧结陶瓷砂轮片和可靠的粘结，解决了陶瓷结合剂的弹性系数与基体相差太大，而易于破裂的缺陷。美国 Norton 公司研究出一种借助化学粘结力把持磨粒的方法，可使磨粒突出 80% 的高度而不脱落，其结合剂抗拉强度超过 1553MPa（电镀镍基结合剂为 345～449MPa）。阿亨工业大学在其砂轮的铝基盘上使用溶射技术实现了磨料层与基体的可靠粘结。

此外，还要充分考虑砂轮与主轴连接的可靠性。主轴高速旋转时，由于离心力的作用，砂轮与主轴的锥连接处产生不均匀的膨胀，连接刚度下降。德国已开发出 HSK（短锥空心柄）连接方式和对刀具进行等级平衡及主轴自动平衡的技术。因此，开发高精度、高刚度和良好的动平衡性能的砂轮及其与主轴的连接方式很有必要。

③进给系统。高速加工不但要求机床有很高的主轴转速和功率，而且同时要求机床工作台有很高的进给速度和运动加速度。直线电动机取消了中间传动环节，实现了所谓的“零传动”。进给速度可达 60～200m/min 以上，加速度可达 10～100m/s^2 以上，定位精度高达 0.5～0.05μm，甚至更高；且推力大，刚度高，动态响应快，行程长度不受限制。其主要问题是发热较严重，对其磁场周围的灰尘和切屑有吸附作用，价格较高。德国西门子公司生产的直线电动机，最大进给速度可达 200m/min。日本研制的高效平面磨床中，工作台进给采用直线电动机，最高速度可达 60m/min，最大加速度可达 10m/s^2。

④磨削液及其注入系统。磨削表面质量、工件精度和砂轮的磨损在很大程度上受磨削热的影响。尽管人们开发了液氮冷却、喷气冷却、微量润滑和干切削等，但磨削液仍然是不可能完全被取代的冷却润滑介质。磨削液分油基磨削液和水基磨削液（包括乳化液）两大类。油基磨削液润滑性优于水基磨削液，但水基磨削液冷却效果好。

油基磨削液具有良好的润滑作用，可以有效地减小切屑、工件、磨粒切削刃和砂轮结合剂之间的摩擦，从而减少磨削热的产生和砂轮的磨损，提高工件表面的完整性。但是，油基磨削液在工作时会产生油雾，污染环境；易引起冒烟、起火；能源浪费严重。由于水基磨削液冷却效果好，防火性好，对环境的污染问题易于解决等，因此，含有各种表面活性剂、油性剂、极压添加剂、缓蚀剂和防腐杀菌剂且性能优越的水基磨削液，是近年来重要的发展方向。除了通常的磨削液外，也可辅以气态或固态磨削剂。

混合磨削油和合成水基磨削液的联合应用，对于磨削难加工材料特别有效。其方法是：用少量油润湿砂轮提高润滑效果，用水基磨削液注入磨削弧区提高冷却效果；或者在磨削区前加入油，而用水来冷却工件表面。通过联合应用水和油，获得的表面粗糙度和金属去除率与使用乳化液时相当。与单纯使用乳化液相比，这种方法能降低砂轮的磨损。其缺点是需要后续的油水分离工序。

高速磨削时，气流屏障阻碍了磨削液有效地进入磨削区，还可能存在薄膜沸腾现象。因此，采用恰当的注入方法，增加磨削液进入磨削区的有效部分提高冷却和润滑效果，对于改善工件质量，减少砂轮磨损，极其重要。常用的磨削液注入方法有：手工供液法和浇注法、高压喷射法、空气挡板辅助截断气流法、砂轮内冷却法，以及利用开槽砂轮法等。为提高冷却润滑效果，通常将多种方法综合使用。

喷嘴位置、几何形状对冷却和润滑效果也有很大的影响。增加喷嘴与磨削区的距离，冷却效果会降低。因而，喷嘴应尽可能靠近磨削弧区，提高进入磨削弧区的有效流量和压力。对喷嘴进行优化，采用内腔为凹状的喷嘴，因其内壁光滑，出口处为锐边，可均化液流，可产生较长的高聚射流，提高冷却和润滑效果。

高速磨削液必须净化，过滤系统的选择与切屑长度、厚度及类型有关，还取决于磨粒的背吃刀量。常用的过滤方法有：物理方法，如重力沉降、涡旋过滤、磁力过滤、滤网过滤、滤带（纸）过滤；化学方法，如采用助滤剂硅藻土等。在过滤系统中同时经过多个过滤单元进行复合过滤，效果更佳。超高速磨削系统还需要采取措施降低磨削液温度，目前主要的降温方式有自然挥发对流散热、强力挥发和利用制冷系统降温等。

此外，还应对磨削液引起的砂轮主轴功率消耗，以及磨削区域磨削液的动静压对磨削力的影响进行研究；对高速磨削的供液压力和速度进行优化；有效地减少功率消耗和对环境的负面影响等。有关研究表明，对于某一流量存在某一临界速度，当砂轮速度大于临界速度时，随着砂轮速度的增加，法向磨削力降低。

⑤砂轮修整。在磨削过程中，砂轮会变钝，或由于磨损而失去正确的几何形状，必须进行及时修整。修整分为整形和修锐两个过程。整形是使砂轮达到要求的几何形状和精度的过程。修锐就是使磨粒凸出结合剂，产生必要的容屑空间，使砂轮达到较佳的磨削能力的过程。根据具体情况，这两个过程可以统一进行或同时进行，也可分两步进行。

常用的整形方法有车削法、磨削法和金刚石滚轮法，电火花和激光法等新型整形法也正在研究中。常用的修锐方法有自由磨粒法（如气体喷砂修锐法、游离磨粒挤压修锐法和液压喷砂修锐法等）和固结工具修锐法（如油石法、刚玉块切入法、砂轮对磨法等）两大类，此外还有电解在线修锐法、电火花修锐法、高压水喷射修锐法和激光修锐法等。

⑥磨削的成拟化与智能化。超高速磨削的实验研究需要耗费大量人力物力，因而利用计算机进行磨削过程的仿真是一个重要的研究课题。虚拟磨床可以建立一个逼真的磨削环境，可用于评估、预测磨削加工过程和产品质量；同时，还可以培训学员利用计算机仿真模拟磨削过程，对磨削区温度场、磨削力变化等进行观察，分析预测不同条件下的磨削精度和磨削表面质量，从而培养出大批掌握超高速磨削技能的人才。

磨削过程是一个多变量的复杂过程。随着人工智能技术和传感器技术的发展，智能磨削也成为重要的研究方向。智能加工的基本目的就是要解决加工过程中众多的不确定性。由计算机取代或延伸加工过程中人的部分脑力劳动，实现加工过程中的决策、监测与控制的自动化。

机床智能磨削系统的基本框架由以下几部分组成：一是过程模型和传感器集成模块，利用多传感器信息融合技术，对加工过程信息进行处理，为决策与控制提供更加准确可靠的信息。多传感器信息融合的实现方法有加权平均法、卡尔曼滤波、贝叶斯估计、统计决策理论、具有置信因子的产生式规则、模糊逻辑、神经网络等；二是决策规划与控制模块，根据传感器模块提供的加工过程信息，作出决策规划，确定合适的控制方法，产生控制信息，通过 NC 控制器作用于加工过程，以达到最优控制，实现要求的加工任务；三是知识库与数据库，存放有关加工过程的先验知识，提高加工精度的各种先验模型以及可知的影响加工精度的因素，加工精度与加工过程有关参数之间的关系等。此外，应能自动学习与自动维护。

2. 超精密加工技术

（1）含义　超精密加工当前是指被加工零件的尺寸精度高于 0.1μm，表面粗糙度值 *Ra* 小于 0.025μm，以及所用机床定位精度的分辨率和重复性高于 0.01μm 的加工技术，也称为亚微米级加工技术，且正在向纳米级加工技术发展。

超精密加工技术主要包括超精密加工的机理研究、超精密加工的设备制造技术研究、超精密加工工具及刃磨技术研究、超精密测量技术和误差补偿技术研究、超精密加工工作环境条件研究。

（2）国内外情况　超精密加工技术在国际上处于领先地位的国家有美国、英国和日本。

这些国家的超精密加工技术不仅总体成套水平高，而且商品化的程度也非常高。

美国是开展超精密加工技术研究最早的国家，也是处于世界领先地位的国家。早在20世纪50年代末，由于航天等尖端技术发展的需要，美国首先发展了金刚石刀具的超精密切削技术（Single Point Diamond Turning，SPDT）或“微英寸技术”（1微英寸 = 0.025μm），并研制了相应的空气轴承主轴的超精密机床，用于加工激光核聚变反射镜、战术导弹及载人飞船用球面和非球面大型零件等。如美国LLL实验室和Y-12工厂在美国能源部的支持下，于1983年7月研制成功DTM-3型大型超精密金刚石车床，该机床可加工最大零件ϕ2100mm、重量4500kg的激光核聚变用的各种金属反射镜、红外装置用零件、大型天体望远镜（包括X光天体望远镜）等。该机床的加工精度可达到形状误差为28nm（半径），圆度和平面度为12.5nm，加工表面粗糙度值Ra为4.2nm。该机床与该实验室于1984年研制的LODTM大型超精密车床，仍是目前世界上公认的技术水平最高、精度最高的大型金刚石超精密车床。

在超精密加工技术领域，英国克兰菲尔德技术学院所属的克兰菲尔德精密工程研究所（简称CUPE）享有较高声誉，它是当今世界上精密工程的研究中心之一，是英国超精密加工技术水平的杰出代表。如CUPE生产的Nanocentre（纳米加工中心）既可进行超精密车削，又带有磨头，也可进行超精密磨削，加工工件的形状精度可达0.1μm，表面粗糙度值$Ra < 10$nm。

日本对超精密加工技术的研究相对于美、英来说虽然起步较晚，但也是当今世界上超精密加工技术发展最快的国家。日本的研究重点不同于美国，日本是以民品应用为主要对象，而美国则是以发展国防尖端技术为主要目标。所以日本在用于声、光、图像、办公设备中的小型、超小型电子和光学零件的超精密加工技术方面，是更加先进和具有优势的，甚至超过了美国。

我国的超精密加工技术在20世纪70年代末期有了长足进步，80年代中期出现了具有世界水平的超精密机床和部件。北京机床研究所是国内进行超精密加工技术研究的主要单位之一，研制出了多种不同类型的超精密机床、部件和相关的高精度测试仪器等，如精度达0.025μm的精密轴承、JCS-027型超精密车床、JCS-031型超精密铣床、JCS-035型超精密车床、超精密车床数控系统、复印机感光鼓加工机床、红外大功率激光反射镜、超精密振动—位移测微仪等，达到了国内领先、国际先进水平。北京航空精密机械所（原航空航天工业部三〇三所）在超精密主轴、花岗岩坐标测量机等方面进行了深入研究及产品生产。哈尔滨工业大学在金刚石超精密切削、金刚石刀具晶体定向和刃磨、金刚石微粉砂轮电解在线修整技术等方面进行了卓有成效的研究。清华大学在集成电路超精密加工设备、磁盘加工及检测设备、微位移工作台、超精密砂带磨削和研抛、金刚石微粉砂轮超精密磨削、非圆截面超精密切削等方面进行了深入研究，并有相应产品问世。但总的来说，我国在超精密加工的效率、精度可靠性，特别是规格（大尺寸）和技术配套性方面，与国外领先水平与生产实际要求相比，还有相当大的差距。

3. 发展趋势

超精密加工技术的发展趋势是：向更高精度、更高效率方向发展；向大型化、微型化方向发展；向加工检测一体化方向发展；机床向多功能模块化方向发展；不断研究适合于超精密加工的新原理、新方法、新材料。21世纪初的十年将是超精密加工技术达到纳米加工水平的关键十年。

复习思考题

1. 机电一体化产品的主要特征有哪些?
2. 机电一体化的相关技术有哪些?
3. 什么是成组技术?
4. 什么是 CAD/CAPP/CAM 技术?
5. 机电一体化计算机网络系统主要有哪几种?各系统对网络的要求是什么?
6. 超塑性有哪几种类型?超塑性成形工艺又有哪几种?
7. 目前机械加工中主要利用哪几种高能束加工技术?各有什么特点和用途?
8. 什么叫超精密加工技术?其现状和发展趋势如何?

第六章 新 材 料

【培训目标】

本章介绍了新型工程结构陶瓷、新型金属功能材料、复合材料、超微颗粒材料等新材料的基本知识，这些材料有的具有耐高温、高强度、超硬度、耐磨损、抗腐蚀的特性，有的具有特殊的物理、化学性能，有的通过复合具有性能的互补性等。通过对本章的学习，使学员初步了解这些新材料的特性和用途，达到开拓眼界、扩大知识面的目的。

第一节 新型工程结构陶瓷

工程结构陶瓷是特种陶瓷的一个重要分支，约占整个特种陶瓷市场的25%。它以耐高温、高强度、超硬度、耐磨损和抗腐蚀等力学性能为主要特征，在机械、冶金、航空航天、能源、光学等领域有重要应用。众所周知，热力发动机的工作温度越高，效率也越高，所以设计师们都在寻求在更高温度下工作的材料，而一些特种陶瓷正符合这一特点。例如，飞机、汽车等运输工具的发动机，其自身都较重，因此能耗大，而结构陶瓷和陶瓷基复合材料一般比金属材料轻得多，又有耐高温和高强度等特点，所以用陶瓷代替金属制造发动机的前景非常广阔。因此，在机械、冶金、航空航天及能源等领域，用非金属代替部分金属是总的发展趋势。下面介绍用于以上这些领域的各种特性的工程结构陶瓷。

一、耐高温、高强度、耐磨损陶瓷

1. 切削工具陶瓷材料

20世纪以来，切削工具材料经历了高速钢和硬质合金两次划时代的突破，目前正在孕育着进入陶瓷切削工具大发展的阶段。陶瓷以其强度高、耐磨削的特点，已经引起高速切削工具行业的注意。近三十年来，随着在克服脆性、增强韧性和改善耐热振性能方面取得进展，切削工具陶瓷材料开始了工业规模的生产和应用。

制造陶瓷切削刀具的材料主要有氧化铝、氧化铝-碳化钛、氧化铝-氮化钛-碳化钛-碳化钨、氧化铝-碳化钨-铬、氮化硼和氮化硅等。以这类材料制作的刀具没有切削液也可工作，与硬质合金刀具相比，具有切削速度高、寿命长等优点。目前，欧美各国都已广泛使用陶瓷材料作为钻头、丝锥和滚刀等。

陶瓷除制作切削刀具外，利用其耐磨、耐腐蚀的特性还可用作各种机械上的耐磨部件。如用特种陶瓷制作农用水泵、砂浆泵、带腐蚀性液体的化工泵，以及有粉尘的风机中的耐磨、耐腐蚀件或密封圈等都已取得良好的实用效果。此外，高纯氧化铝（刚玉）可制作金属拉丝模，尤其是在高温下的热拉丝更显示出陶瓷的优越性。如工业陶瓷中的球磨筒和磨球、金属表面除锈用的喷砂嘴、喷撒农药用的喷头等。总之，凡是需要耐磨、耐腐蚀的场合，几乎都会看到特种陶瓷的存在。

2. 氮化物陶瓷

氮化物陶瓷是近三十多年来迅速发展起来的新型工程结构陶瓷。它和一般硅酸盐陶瓷不同之处在于，氮和硅的结合属于共价键性质的键合，因而有结合力强、绝缘性好的特点。

氮化硅的烧结与一般陶瓷的烧结工艺不同，采用的是反应烧结法，它不是靠物质本身的迁移引起收缩来填充空隙，而是通过高温炉里的氮气渗入硅粉坯体，使硅粉与氮气反应生成氮化硅而充填坯体内的空隙。但是，用反应烧结法制造的氮化硅陶瓷，不能达到很高的致密度，一般只能达到理论密度的79%左右，含有21%的总气孔。原因是随着氮化反应的进行，生成氮化硅的数量越来越多，孔隙逐步变小，一旦氮气的通道被氮化硅堵塞，反应就会停止，坯体中就留下许多小孔和没有完全反应的硅。坯体尺寸越大，氮化越不完全。就现有的工艺水平而言，可以完全氮化的硅粉坯体的深度不过30mm左右，因此反应烧结法不能制造厚壁部件。提高氮化硅陶瓷致密度的方法之一就是在高温下进行加压烧结，由此得到的制品就是热压氮化硅陶瓷。

氮化硅的强度很高，尤其是热压氮化硅，其室温抗弯强度一般都在800～1000MPa。添加少量氧化钇和氧化铝的热压氮化硅，其室温抗弯强度可达到1500MPa，在陶瓷材料中名列前茅；其硬度也很高，是世界上最坚硬的物质之一，并且极耐高温，强度可以在1200℃的高温下维持而不下降，受热后不会熔成融体，一直到1900℃才会分解。氮化硅有惊人的耐化学腐蚀性能，能耐几乎所有的无机酸（氢氟酸除外）和30%以下的烧碱溶液的腐蚀，也能耐很多有机酸的腐蚀，同时又是一种高性能电绝缘材料。由于热膨胀系数小，抗温度急变能力很强，因而氮化硅陶瓷具有优良的力学性能，在工程技术的应用上已占有重要地位。

利用反应烧结氮化硅陶瓷烧成时不收缩的特性，可将硅粉预氮化到一定强度的素坯加工成形状很复杂的部件，尺寸精度很高，经过二次氮化后，氮化硅陶瓷就可不必再进行细加工而直接使用，这是其他陶瓷所不能相比的。

氮化硅陶瓷制品种类很多，应用也日益广泛，例如可做燃气轮机的燃烧室，晶体管的模具，液体或气体输送泵中的机械密封环，输送铝液的电磁泵的管道、阀门，铸铝用永久性模具，以及钢液分离环等。氮化硅陶瓷摩擦因数小，可用作轴承材料，特别适合制作高温轴承，其工作温度可达1200℃，比普通合金轴承的工作温度高2.5倍，而工作速度是普通轴承的10倍。使用陶瓷轴承还可以免除润滑系统，大大减少对铬、镍、锰等原料的依赖。氮化硅作为高温结构陶瓷，最引人注目的是在发动机制造上获得了突破性进展。美国用热压氮化硅制成的发动机转子在50 000r/min的转速下运转了200h；日本已研制成功全陶瓷发动机，试用表明，这种发动机不必水冷却并能节约大量汽油。氮化硅陶瓷具有很好的电绝缘性和耐急冷急热性，可以用来做电热塞，用它进行汽车点火可使发动机起动时间从原来的六七秒缩短到一二秒，还可不用担心寒冻天气汽车起动困难的问题。氮化硅陶瓷还有良好的透微波性能、介电性以及高温强度，作为导弹和飞机的雷达天线罩，可在6个马赫数甚至7个马赫数的飞行速度下使用。利用氮化硅陶瓷和金属熔体的不润湿性，制作水平连注用钢液分离环已取得很好的效果。

近年来，人们尝试用部分元素取代的办法来克服氮化硅不能采用一般高温烧结的困难，发现在氮化硅中添加氧化铝，用氧原子来取代一部分氮，用铝原子来取代一部分硅，生成均匀的固溶体，就有可能用一般方法进行烧结。这样就从氮化硅派生出一种新的化合物，称为氧氮化硅铝或硅铝氧氮，即塞隆（Sialon）。后来又发现铍、锂等原子也可取代硅，这样就构成了一系列新的化合物。这类化合物还未能为人们所熟知，如对其进行深入的研究，揭示它的本质，可能会发掘出一批可进行一般烧结、性能优良的新型陶瓷材料。

3. 碳化硅高温高强陶瓷

碳化硅即金刚砂，其硬度仅次于金刚石。碳化硅陶瓷和许多陶瓷的不同之处在于，它在室温既能导电，又耐高温，是一种很好的发热元件。用碳化硅制成的电热棒称为硅碳棒，在空气中能经受1450℃的高温；重结晶法制成的质量好的硅碳棒甚至可耐1600℃的高温，远高于金属电热元件（除了铂、铑等贵金属外），这是因为它在高温空气中会氧化而生成一层致密的氧化硅薄膜，起到隔离空气的作用，大大减缓了内层碳化硅进一步氧化，从而使它能在高温下工作。

用热压工艺可以制得接近理论密度值的高致密碳化硅陶瓷，它的抗弯强度即使在1400℃左右的高温下仍可达到500～600MPa；而其他陶瓷材料在1200℃以后，强度都会急剧下降。所以说，碳化硅是在高温空气中强度最高的材料。

要提高高温燃气涡轮发动机效率，就必须提高工作温度，而解决这一问题的关键是找到承受高温的结构材料，特别是发动机内部的叶片材料。碳化硅陶瓷在高温下有足够的强度，且有良好的抗氧化能力和抗热振性，这些优良品质都使它极其适合作为高温结构材料。对于在1200～1400℃下工作的高温燃气涡轮发动机叶片而言，许多科学家认为它和氮化硅陶瓷是最有希望的候选材料。

碳化硅陶瓷的热传导能力仅次于氧化铍陶瓷。利用这一特性，碳化硅陶瓷可作为优良的热交换器材料。太阳能发电设备中被阳光聚焦加热的热交换器，工作温度高达1000～1100℃。具有高热传导性的碳化硅陶瓷很适合作为这种热交换器的材料。从试验情况来看，碳化硅陶瓷热交换器的工作状态良好。

此外，在原子能反应堆中，碳化硅陶瓷可用作核燃料的包封材料，还可作为火箭尾喷管的喷嘴及飞机驾驶员的防弹用品。

二、耐高温、高强度、高韧性陶瓷

由于陶瓷材料的抗机械冲击性差，因此限制了它的使用范围。1975年，澳大利亚科学家成功地利用添加氧化锆而大大地提高了陶瓷材料的强度和韧性，自那时起，世界各国利用氮化锆增韧这一办法，开发出了各种具有高强度和高韧性的陶瓷材料，掀起了寻求“打不碎陶瓷”的热潮。

氧化锆能够增加陶瓷材料韧性和提高强度的原因，至今虽不完全清楚，但研究结果已经表明，它和均匀弥散在陶瓷基体中的氧化锆晶粒的相变有关。一种增韧理论认为，相变膨胀导致的微裂纹可以阻止造成脆断的裂纹扩展；另一种理论认为，应力诱导相变，而相变可吸收应力的能量，从而起到增韧的作用。总之，在某些陶瓷材料中引入一定量亚稳氧化锆微粒（粒度直径大约0.1μm），并使其均匀分布，可大大提高材料的强度和韧性。

氧化锆增韧陶瓷已在工程结构陶瓷研究中取得重大进展，经过增韧的陶瓷品种日益增多。现在已经发现可稳定氧化锆的添加物有氧化镁、氧化钙、氧化镧、氧化铈、氧化钇等单一氧化物或它的复合氧化物。被增韧的基质材料，除了稳定的氧化锆外，常见的有氧化铝、氧化钍、尖晶石、莫来石等氧化物陶瓷，还有氮化硅和碳化硅等非氧化物陶瓷。日本在氧化铝基质强度为400MPa、断裂韧度为5.2的材料中添加16%（体积分数）的氧化锆进行增韧处理，制得材料的强度高达1200MPa，是原来增度的3倍，断裂韧度达到15.0，也比原来几乎提高了近2倍，基本达到了低韧度金属材料的程度。最近的研究表明，强度和韧度是相互制约的。尽管如此，许多陶瓷材料通过氧化锆增韧，大大拓宽了应用领域，具备了取代某些金属材料的能力，出现了喜人的应用前景。利用氧化锆增韧陶瓷可替代金属制造模具，如拉丝模；泵机的叶轮、特种陶瓷工业用的磨球；或用氧化锆增韧陶瓷轴承替代手表中的单晶红宝石轴承。日本用增韧氧化锆陶瓷制成的剪刀，既不会生锈，又不导电，可以放心地剪断带电的电线。氧化锆增韧陶瓷还可用于制造汽车零件，如凸轮、推杆、连动杆、销子等。

三、耐高温、耐腐蚀的透明陶瓷

现代电光源对构成材料的耐高温、耐腐蚀性及透光性有很高的要求，而同时能满足这些性能的材料直到20世纪50年代后期才开始得到发展。1957年，美国通用电器公司的科布尔等人在平均直径只有0.3μm的高纯超细氧化铝原料中，添加氧化镁，混匀后压成小圆片，放在通氢气的高温电炉中烧制后，意外地发现它像玻璃一样透明。科布尔还发现，把透明的陶瓷片放在显微镜下观察，几乎看不到什么微气孔。经过多次实验观察和研究分析发现，陶瓷的透光能力和内部气孔直径大小有很大关系，当微气孔的直径在1μm左右时，厚度为0.5mm的陶瓷试样只要含有千分之三的气孔就能使光线的透过率减少90%。一般氧化铝陶瓷中所含的气孔都超过这个数字。因此，构成氧化铝陶瓷的刚玉小晶体本身能够透过光线，而陶瓷还是不透明。

使陶瓷透明的关键，是坯体中只能有一种晶型的晶体，而且对称性越高越好，否则会发生双折射；此外气孔越少越好，有人做过试验，当气孔小到埃（$1Å=10^{-10}$m）的数量级时，光会沿微气孔发生绕射现象，这将有助于透明度的提高。

氧化铝陶瓷是高压钠灯极为理想的灯管材料，它在高温下与钠蒸气不发生作用，又能把95%以上的可见光传送出来。这种灯是发光效率很高的灯。在相同功率下，一只高压钠灯要比2只水银灯或10只普通白炽灯发出的光还要亮，寿命比普通白炽灯高20倍，可使用20000h以上，是目前寿命最长的灯。人眼对高压钠灯的黄色谱线十分敏感，而且黄光能穿过浓雾，特别适合街道、广场、港口、机场、车站等大面积的照明，效果很好。

除半透明氧化铝陶瓷外，研究得较多的还有氧化镁、氧化钙、氧化铍、氧化锆、氧化钇、氧化钍、氧化钆、氧化镧等。透明氟化镁、氟化钙、硫化锌、硒化锌、硫化镉、砷化镓等也有报道。用氧化铝和氧化镁混合在1800℃高温下制成的全透明镁铝尖晶石陶瓷，外观极似玻璃，但其硬度、强度和化学稳定性都大大超过玻璃，可以作为飞机挡风材料，也可作为高级轿车的防弹窗、坦克的观察窗、炸弹瞄准具，以及飞机、导弹的雷达天线罩等。

第二节　新型金属功能材料

绝大多数传统的金属材料都是作为结构材料而被应用的。由于高新技术的发展，要求材料具有特殊的物理、化学性能，从而诞生了许多新型金属功能材料。这些材料种类很多，具有不同的功能，其中比较主要的几种简介如下。

一、形状记忆合金

1962年，美国海军军械实验室在钛-镍（Ti-Ni）合金中发现了“形状记忆效应”。此后，人们对这一现象进行了大量研究。现已发现的具有形状记忆效应的合金有几十种之多。

所谓“形状记忆效应”，是指在一种状态下成形的合金，如果在另一种状态下（通常是指另一种温度区间）给予没有弹性恢复力的形变，使其具有另一种形状，当其再返回到第一种状态（温度）时，合金能自动恢复到原先具有的形状。换句话说，合金在返回到其原先的状态时，它能“记得”自己原先所具有的形状。因而人们就把这种合金称为形状记忆合金。

举例来说，如果把一根形状记忆合金丝在较高的温度区间里绕成一个圆环，然后将这一定形的圆环冷却到另一个温度下并将其拉直，使之成为稳定的直线形，这个被拉直了的合金丝一旦返回到较高的温度区间，它就能立即自动卷绕起来，变回原来的圆环形状。

合金之所以具备这种奇特的形状记忆效应，从本质上说，是由于合金微观结构固有的变化规律所决定的。通常在固态的金属合金中，原子是按照一定的规律“堆砌”起来的。有的合金中，原子堆砌规律还可以随着环境条件的不同而改变。例如，在较高的温度下，原子按某一种规律堆砌起来，当温度下降到某个临界温度以下时，原子将会改变自己的堆砌规律，而形成另一种堆砌结构（在有的合金中被称为马氏体状态）。金属合金在固态下发生的这种微观结构上的变化就是所谓的“固态相变”。如冷却后形成的是马氏体相，就称为马氏体相变。

形状记忆合金的特点就在于其马氏体相变是可逆的，也就是说，如果把具有马氏体相结构的合金再次加热到临界温度以上时，原子堆砌的规律又会自动恢复到原来高温下的母相结构状态。图 6-1 所示是形状记忆效应示意图，图中以黑色小球代表金属原子，可以对马氏体状态的合金加以变形（图中由长方形轮廓变形成为平行四边形轮廓），但变形后的马氏体相在加热至临界温度以上时，原子的堆砌规律将恢复到母相状态，与此同时，合金的外形轮廓也恢复为长方形。

形状记忆合金的实用意义是十分明显的。举一个简单的例子来说，可以将一个在高温母相状态下制作成形的夹头冷却到马氏体状态，并将其扩张，使夹头成为稳定的张开形式；一旦将这个张开的夹头置于高温环境中，它就能自动闭合产生夹紧作用。人们可以按照工作情况的需要，通过调整合金成分，来改变马氏体相变的临界温度，可以使马氏体相出现于室温以下，也可以使其存在于室温以上，以此来调节形状记忆合金的工作温度。

据报道，美国在喷气式战斗机的油压系统中，用钛-镍形状记忆合金制成管接头套，在低温下扩径，随即装套；随着温度回升到室温，接头套即自动箍紧。据称，所使用的十多万个这种接头从未发生过漏油、脱落或破损事故。用形状记忆合金制造人造卫星的天线，可在到达太空后再自动展开。形状记忆合金还可以在各种场合下应用的微型促动器中发挥其特异功能。例如，可以利用它在加热、冷却时产生的伸缩力来驱动机器人手臂机构，这样就不需要传统的促动器的齿轮或凸轮等机械零件，而由材料本身的功能来代替，从而可以使促动器实现小型化和轻量化。

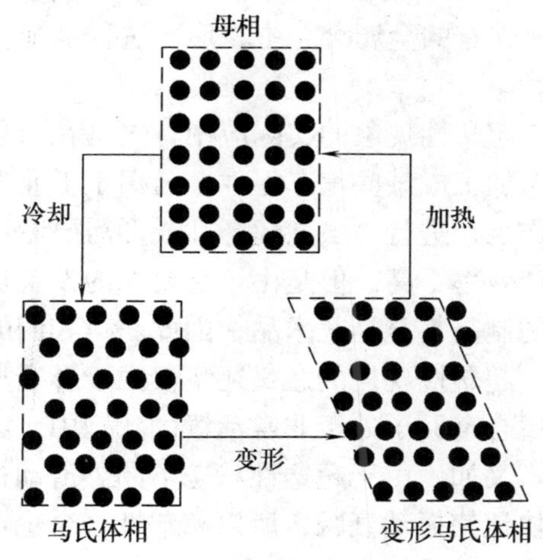

图 6-1　形状记忆效应示意图

尽管迄今发现的具有形状记忆效应的合金种类已有几十种，但目前已经实用化的主要还是钛-镍基合金和铜基合金两大类，前者性能较好，后者则价格较低。

二、超塑性合金

金属合金在特定的情况下（一定的组织结构状态、一定的温度条件、较慢的应变速率等）可以像麦牙糖一样在外力作用下发生粘滞性变形，达到非常大的变形量而不破裂，这就是所谓的金属合金的超塑性现象。处于超塑性状态的合金，其变形抵抗力较小，而延伸率则很高，可以达到百分之几千（普通的结构钢延伸率仅能达到百分之几十）。

众所周知，随着高强度材料的发展，带来了一个问题，即材料的使用性能（如强度）虽然提高了，但要对这种材料进行形变加工也就变得更困难了。这也促使人们去研究超塑性问题。据统计，目前已在一百多种金属合金中观察到超塑性现象，包括纯的铅（Pb）、铝（Al）、铜（Cu）、铍（Be）以及铝（Al）、钛（Ti）、锌（Zn）、铁（Fe）、镍（Ni）为基的合金，也有在钢和铸铁中超塑性现象。

值得指出的是，超塑性现象主要来自金属合金特定的组织结构状态和外部变形条件（温度、变形速率等）。同一种金属合金在满足这些特定条件的情况下，可能成为超塑性合金，否则就不具备超塑性。就金属合金的组织结构状态而言，产生超塑性现象的条件，大体可归纳为如下三种类型。

1. 细晶超塑性

前面曾经提到，通常在固态金属合金中，晶粒内部的原子是按照一定的规律“堆砌”起来的，并由许许多多个细小的晶粒连接在一起而形成宏观上的一块金属合金。一般金属合金的晶粒尺寸（平均直径）在0.1mm左右。

如果通过特殊的处理，能使金属合金的晶粒尺寸由通常的0.1mm左右，减小到10μm以下，金属合金就可以具备超塑性的条件，这就是所谓的细晶超塑性。

2. 相变超塑性

在金属合金发生固态相变的温度附近，进行反复地加热和冷却，在此过程中对金属合金施加一定的外力，也可导致超塑性变形，这就是所谓的相变超塑性，也称动态超塑性。

3. 相变致塑性

在有的金属合金中，形变过程也能诱发马氏体相变，并导致很大的塑性，称为相变致塑性。

超塑性现象的实际应用首先是在金属合金的形变加工上。目前用锌-铝合金通过超塑性成形加工成某些汽车零件，已用于工业生产。用钛合金经超塑性成形，制造某些飞机零件的工作也在进行。虽然超塑性成形需要专用装置来保证一定的加热温度和缓慢的形变速率，其生产效率不高，但是由于它要求的设备功率小、模具磨损少，而且可以模压出轮廓复杂而精细的制品甚至是艺术品，因此获得人们的重视。

超塑性现象的意义还不仅限于形变加工。由于材料的超塑性状态是一种强烈激活状态，金属合金原子处于非常活泼的状态中，因此可以利用超塑性状态来实现固态下金属合金的接合。又如，由于超塑性状态下晶界滑动过程很容易进行，因此这种合金具有很大的内耗，能很快地使振动衰减，所以超塑性合金也可能发展为一种减振材料。

三、减振合金

机械结构中的振动和噪声，是人们力求防止和避免的。为此可以通过系统和结构上的措施来解决，但是最根本的办法是使振动源的零部件材料具有良好的减振能力。理想的材料应该既有一般金属合金的强度及耐高温特性等，同时又有高阻尼性能（即依靠材料内部的原因使机械振动能很快消耗的能力），由此就提出了减振合金，或称高阻尼合金。迄今已开发出几十种新型减振合金，包括耐腐蚀和耐疲劳的钴-镍系合金、轻型的镁-锆系合金、耐腐蚀的镍-钛系合金和易加工又耐腐蚀的铁-铬-铝系合金等。这些减振合金都具有良好的减振能力，但它们的减振机制并不都是一样的。在现已发现的减振合金中，主要有以下几种。

1. 复相型

在介绍形状记忆合金时已谈到，金属合金在冷却时可能由高温下的母相转变成低温时的马氏体相。在金属材料中，固态下的相变是多种多样的。在同一个温度下，金属合金中也可以同时包含两种相或多种相，而形成复相组织。例如，可以在强度较高的基体中夹杂分布着软的第二相，这种不均匀的组织结构具有高阻尼特性，在振动造成的周期应力作用下，强度较高的基体相发生弹性变形，而较软的第二相则产生塑性变形，从而使合金的能量逸散大大增高。常用的灰铸铁实际上也属于这一类型，它的组织结构是在金属基体上分散地分布着柔软的片状石墨，这正是灰铸铁材料常被用来制造要求消除振动的机器支座的原因。此外铝-锌合金也属此类情况，用于制造立体声放大器底板、扬声器框架等，可改善音响效果，提高声音保真度。

2. 铁磁型

在一个磁性体内部，划分为许多磁畴。在外力作用下，这些磁畴的畴壁会发生不可逆的位移，从而造成能量的损耗，就如同超塑性合金中通过晶界面之间的滑动吸收振动能量一样，铁磁性减振合金主要是基于这一原理而显示其高阻尼特性的。常用的1Cr13、2Cr13等合金钢即可归入这一类型的减振合金。此外，近年来又发展了铁-铬-铝、铁-钴等系列合金。

3. 孪晶型

在马氏体相变中会生成许多所谓孪晶界，这些孪晶界在外力作用下很容易发生移动，并且就像晶界移动和磁畴畴壁移动一样，导致能量的损耗，从而使外界传来的机械振动能很快地衰减掉。

孪晶型减振合金最典型的例子是英国海军首先采用的锰-铜系合金。由于这种材料具有高阻尼特性，同时合金本身又有足够高的强度和耐蚀性，所以用来制造潜艇和鱼雷的螺旋桨，取得了良好的效果，它明显降低了噪声，使敌舰难以发现。

近年来又发展了多种其他的具有形状记忆效应的减振合金，也是属于孪晶型的。

总之，减振合金的种类很多，其用途也是十分广泛的。从高速运动的机械零部件到家用电器中的冰箱、空调机、洗衣机、音响设备等，都可以靠减振合金来消除（减少）振动、提高设备装置的使用寿命和稳定性、降低噪声公害等。

四、储氢合金

氢在新能源开发中占有很重要的地位，因为它资源丰富，燃烧的发热值高，又没有环境污染。所以，人们不仅探寻简便的制取氢的方法，同时也探寻着简便而有效的储存氢的方法。目前采用的用钢瓶储存氢气或在低温下储存液态氢等方法，都不够理想。对于储氢合金的研究和探索就是在这样的基础上产生的。

金属具有吸氢的特性，许多金属或合金，如镁、镍、铜、铝、铁、钴、钛、锆、镧等，都可与氢发生化学反应，生成金属氢化物。这个化学反应是可逆的，它进行的方向（即究竟是金属合金吸氢生成氢化物，还是金属氢化物分解放出氢气）可以通过温度、压力以及合金成分来加以控制。需要储氢时，让合金与氢反应生成氢化物；需要用氢时，则可将金属氢化物加热，使它把氢释放出来，并可通过温度、压力调节其释放量。

从理论上讲，某些储氢合金在其吸收与一个氢气瓶容量相等的氢气时，其重量只有氢气瓶的1/3，而体积则不到氢气瓶的1/10。可见利用储氢合金来储存氢气，是一种比较理想的途径，很有发展前途。

虽然很多金属都能生成金属氢化物，但并非都适宜于作为储氢材料。寻找有实用意义的储氢材料时，要考虑：

1）吸氢能力强。这与金属合金中原子的堆砌结构有关，空隙较大的堆砌结构可以较多地吸藏氢。

2）生成热要适当。当金属合金与氢反应生成氢化物时，伴随着热量（生成热）的释放，生成热太大意味着生成的氢化物太稳定，放氢时就需要高温。储氢合金中合金元素的添加往往就是为了调节氢化物的稳定性。

3）平衡氢气压不太高，以便于氢的吸藏与释放。此外，还需考虑材料性能的稳定性、重量、成本等问题。

自从美国于20世纪60年代末率先推出镁-镍储氢合金后，新型储氢合金不断涌现，成了研究热点之一。目前各国正在研究开发的储氢合金有镁系、钛系、稀土系等。以储氢合金储存的氢为动力，取代汽油发动机而制成的氢能汽车已有实验样品。储氢合金的应用前景是很广阔的。人们设想，在电厂中可以应用储氢合金来完成能量的转换与储存；可利用它来净化氢气；可利用其可逆反应中的吸热与放热特性来设计和调节温度的供暖与制冷系统；还可以利用氢燃料无污染的特点，将储氢合金引入家用厨房设备。

五、多孔金属

一般情况下，在金属材料生产中，总是力图获得致密而均匀的金属合金，以保证良好的性能。但是，出于某种特殊的性能要求和使用要求，有时也可有意识地制备出充满着分散的小孔洞的金属合金，这就是所谓的多孔金属。多孔金属除具有本体金属的强度、导电、导热、耐腐蚀等性能外，又具有质轻、比表面积大的特点，因而具有多方面值得重视和开发应用的特性。

通过不同的制备工艺方法，可以作出不同孔隙结构的多孔金属，其中孔隙的大小、形状、分布、孔隙率以及孔隙之间的连通程度等，都可以在很大的范围内变化。早先人们采用发泡法制造多孔金属，其原理是将发泡剂加入到金属熔体中，发泡剂受热分解产生气体，在金属熔体中发泡，冷却凝固后形成泡沫体，故多孔金属也称为泡沫金属。这种方法的缺点是孔隙结构的控制比较困难。后来人们采用颗粒浇注法生产多孔金属，即选用某种可溶或可燃的细颗粒物质作为载体置于铸模中，然后浇入熔融金属，金属液渗入载体颗粒间隙而凝固，再通过溶解或燃烧的方法去除载体颗粒，就可得到多孔金属。这样就比较容易通过对载体颗粒的选择来控制孔隙结构。多孔金属也可以通过粉末冶金的方法来生产，即采用金属粉末，在模腔中压制成形后进行烧结，形成整块金属。由于金属粉末颗粒间充满空隙，所以这种整块金属也是多孔金属。其孔隙结构可以通过调节金属粉末的形状及粗细程度、成形的压力、烧结工艺以及添加能挥发的填充剂等途径来加以控制。

多孔金属使用非常广泛，首先是用作过滤器材料，在工业中用于进行液体和气体的净化，如用青铜、镍、铁、不锈钢以及难熔金属化合物等通过粉末冶金制成的多孔材料，可用于飞机和汽车上燃料油和空气的净化，化学工业上各种液体和气体的过滤，以及在原子能工业上用于过滤排放气体中的放射性微粒等。多孔金属具有高阻尼特性，可用来制造缓冲器或吸振器；它还有良好的消声特性，可有效地用于发动机排气消声装置。孔隙呈封闭状、相互不连通的多孔金属，其热导率一般很低，可用作保温隔热材料；而孔隙连通的多孔金属，则由于其极大的比表面积，在气体或液体渗流过程中可起到换热材料的作用。一种用钨粉作为骨架的粉末冶金多孔材料可用作火箭高温喷嘴材料，它利用“表面发汗”的原理，可使热量迅速逸散，故而又被称为发汗材料。

多孔金属作为一种新型材料，其制备工艺及潜在的应用价值还在继续开发中。

第三节　复 合 材 料

复合材料是指由两种或两种以上的材料按一定方式组合而成的，具有单一材料所不能获得的优良特性或功能的材料。通过复合，不仅能使几种材料的性能互为补充，而且可能产生单一材料所没有的新特性。复合材料的品种按基体材料来分，有树脂基复合材料、金属基复合材料和陶瓷基复合材料等几大类。

一、树脂基复合材料

树脂基复合材料目前已成为主要的复合材料。如果把玻璃纤维增强塑料视为第一代树脂基复合材料，那么可以说碳纤维复合材料迎来了第二代树脂基复合材料（即先进复合材料，ACM）的发展阶段。以环氧树脂为基质制成的碳纤维增强塑料是 ACM 的代表。用来开发先进复合材料的新型增强纤维，除了高强度、高模量碳纤维外，还有芳纶、硼纤维、碳化硅纤维、晶须、氧化铝纤维和陶瓷纤维等。

上述树脂基复合材料中所用的树脂大多是热固性树脂。事实上，热塑性树脂基复合材料加工成形比热固性的方便，性能与复合前相比有明显的提高，所以已在各行业获得了广泛的应用。近几年来，热塑性树脂基碳纤维复合材料发展很快，这是因为它有许多优点：力学性能好，特别是韧度高、耐破坏性好；加工成形性好，形状复杂的部件或制品也能一次成形，成形周期短；可长期储存；制品成本低。常用的热塑性树脂有聚苯硫醚、聚醚醚酮、聚砜、聚醚砜、聚酰亚胺等。例如，日本航空技术研究所用聚醚醚酮和碳纤维制成的新型复合材料，其疲劳寿命比环氧树脂复合材料长几百倍。

随着航空航天技术的发展，涌现出一些高性能热固性树脂和热塑性树脂为基体的复合材料。特别是热塑性树脂制成的复合材料具有优良的刚性、耐冲击性，其使用温度和韧度均优于热固性树脂制成的复合材料。性能优异的碳纤维增强碳基复合材料，其耐热性能远远优于其他任何高温合金和复合材料。在 2500℃ 的高温下，碳纤维增强碳基复合材料仍有相当高的强度和韧度，而且密度非常小，仅为高温合金的 1/4 左右，所以特别适合用作航空航天材料。目前，碳纤维增强碳基复合材料已成为制作固体火箭发动机喷嘴、航天飞机机头罩以及超音速飞机减速板等不可缺少的材料。

梯度功能材料（FGM）是材料科学中最近出现的新概念。日本学者在研讨全新超耐热材料问题时，从贝壳剖面的显微照片中发现，在贝壳极其薄的横剖面里，由碳酸钙和一些蛋白质组成的复合材料的组分含量是十分明显地连续变化的。他们认为，正是这样的组织结构使贝壳既质量轻又有高强度，并能耐受来自外界的强烈冲击。经过探索和模拟试验，他们首先提出了“梯度功能材料”这一全新的概念。梯度功能材料的特点是，两侧的成分不同，其组成、结构、性能由一侧向另一侧连续过渡。日本学者正致力于开发一侧表面能耐超高温、另一侧能耐低温的梯度功能材料试验片。

二、纤维、晶须补强陶瓷基复合材料

近年来，以陶瓷为基体用纤维或晶须补强的复合材料，由于其韧性得到提高而受到重视。碳化硅晶须增韧的氧化铝陶瓷刀具，在20世纪80年代初开始研究，1986年已作为商品推向市场。碳化硅晶须的加入，大大提高了氧化铝陶瓷的断裂韧度（从原来的4提高到8.77），改善了切削性能。用碳纤维和锂铝硅酸盐陶瓷复合，材料的强度已接近或超过1000MPa，其断裂功高达3000J/m^2，即达到了铸铁的水平。用钽丝补强氮化硅的室温抗机械冲击强度增加到原来的30倍。用直径为25μm的钨丝沉积碳化硅来补强氮化硅，这种纤维补强陶瓷的断裂功比氮化硅提高了几百倍，强度增加60%，用莫来石晶须来补强氮化硼，其抗机械冲击强度比原来提高10倍以上。由此可以看到，纤维、晶须补强陶瓷基复合材料已取得引人注目的成果。高性能（强度、韧度）、高稳定性、高重复性的纤维、晶须补强陶瓷基复合材料的获得，除要求纤维、晶须与基体间化学、物理相容性较好以外，从复合工艺上，还必须保证纤维、晶须在基体中均匀地分散，才能获得预期的效果。最近，利用“织构技术”，在某些陶瓷坯体中生长出纤维状态的针状第二相物质（如莫来石晶体）进行“自身内部”复合，这种复合增韧是一项简便易行的陶瓷补强新技术。目前这种高性能陶瓷基复合材料从总体来说还处在深化研究阶段，关键在于改进工艺和降低成本，提高实际应用的竞争力。

陶瓷基复合材料的实际应用，近年来得到了长足的发展。采用陶瓷基复合材料制造的发动机喷管内调节片已用在法国“幻影2000”战斗机的涡轮风扇发动机上。由美国杜邦公司研制的陶瓷基复合材料能承受1200~1300℃的高温，用它制成的发动机部件使用寿命达到2000h。

三、金属基复合材料

金属基复合材料在高温下能保持较高的力学性能，其比强度和比模量高于基体数倍。因此，金属基复合材料在航空航天领域应用的潜力和地位，已被一些工业发达国家所公认。美国认为，碳化硅/铝的高强度和高刚度对战略导弹的发展计划颇有吸引力，对飞机和发动机而言最有用的材料是碳化硅/铝和碳化硅/钛。

普通的结构材料如金属、木材、玻璃等，就其比刚度而言相差无几。然而碳、硼、碳化硅和氧化铝等物质的比刚度则相当于上述材料的5~10倍，它们的强度也是很高的（见表6-1），只是作为整块材料时它们都具有很大的脆性，因而没有实用价值。但是如果能将这些物质制成纤维，使之均匀分布并定向排列于金属基体之中，则它们的刚度和强度就能发挥重要作用，这时纤维是载荷的主要承担者，而塑性的金属基体起着传递负荷的作用，同时确保整体材料有较好的可加工性。由此而形成的金属基复合材料，显然将会明显优于一般金属材料。此外，由于它具有工作温度较高、导电导热、耐磨损、尺寸稳定、不老化等一系列金属属性，又使其在许多场合下优于树脂基复合材料，所以世界各国对金属基复合材料的研究工作十分活跃。

由于基体金属可有不同，增强体的种类也很多，可以是碳、硼、氧化铝、碳化硅等，增强体的形态可以是颗粒、纤维、晶须等，由此组合起来，形成的金属基复合材料的种类也是多种多样的。目前已有铝基、镁基、钛基、高温合金基、铜基、铅基等，其中以铝基发展为最快。采用各种不同增强体的铝基复合材料，构成了当前金属基复合材料研究工作的主流。

表 6-1　几种增强纤维的典型性能

纤 维 材 料	拉伸强度/MPa	拉伸模量/GPa	密度/(g/cm^3)
硼	2300～2800	365～440	2.5
碳化硅	3400～4000	420	3.3
碳(石墨)	1800～2500	250～400	1.7～1.9
氧化铝	1380～2100	379	3.95

采用金属基复合材料，可以提高使用温度，并且由于材料的比强度和比刚度提高了，可以达到减轻结构重量的效果。这些优越性对于航空航天工业尤为重要，因为航天飞行器每减重 1kg 可使推送它的火箭减轻数百千克（具体数值视火箭结构而定），所以对高速飞行器来说，要不惜代价地减轻重量，这时金属基复合材料就是最好的选择。据报道，美国现用的航天飞机上，机身桁架支柱采用了 150kg 的硼/铝复合材料，与原设计的铝合金桁架支柱相比，质量减轻 44%。一些飞机和卫星的壁板、支柱、加强肋、蒙皮等也都成功地应用了铝基复合材料。

金属基复合材料可以通过熔铸法和粉末冶金法来制备。其制备过程有相当高的难度，工艺比较复杂，因此成本也比较高，这是金属基复合材料推广应用中（尤其是民用产品中）面临的一个难题。在这种材料的制备研究中要克服的主要难点是基体材料与增强体材料之间的匹配与结合问题，两者的界面必须保持一定的连接强度，又不能形成有害的界面反应，两者的热膨胀系数、弹性模量必须接近，以免在温度和载荷变化时引起附加的应力。另外，增强体纤维的制备，以及如何确保制成的复合材料在质量和性能上稳定可靠等，也都是很重要的问题。总之，虽然金属基复合材料的发展前景是乐观的，但是仍有不少待进一步研究解决的问题，世界各国在这方面的竞争十分激烈。

第四节　超微颗粒材料

超微颗粒材料是介于原子、分子与块状材料之间尚未被人类充分认识的新领域，是人类对客观世界认识的新层次。近几十年来，微电子器件从晶体管、集成电路、大规模集成电路已发展到超大规模集成电路，器件的尺寸日趋缩小，人们所熟知的欧姆定律在微小尺度下未必成立，一系列量子效应不容忽略。信息工程已由微电子向光电子领域发展，材料的尺寸已由日常生活的大尺寸向薄膜、纤维，最终到超微颗粒方向发展。目前超微颗粒材料的某些应用已进入工业化生产阶段，它的应用前景十分宽广，发展潜力巨大，21 世纪将是其全面应用的黄金时期。它还是一类尚未被人们所充分了解与开拓的新材料体系，利用其与大块材料不同的特性（新的物理、化学效应），才有可能开拓出前所未有的、新颖的、传统材料难以取代的应用新领域。

一、超微颗粒材料的奇异特性

当人们将宏观物体细分成超微颗粒后，超微颗粒在一定的颗粒尺寸之下，将显示出许多奇异的特性，即其光学、热学、电学、磁学、力学以及化学方面的性质和大块固体时相比将会有显著的不同。物理学上的“超微”含意并非单纯尺寸微小而已，它具有特殊的意义。从功能材料角度出发，当固体微颗粒的尺寸逐步减小时，量的变化在一定条件下会引起理化性质的质变。例如，当微颗粒的尺寸小于光波波长时，金属超微颗粒均失去原有的光彩而呈黑色。磁性超微颗粒在一定的尺寸以下时会丧失铁磁性。当颗粒尺寸减小到一定临界尺寸时，在声、光、电、磁、热以及催化等性质上会呈现出与大块物体质的差异。这时可以说，颗粒尺寸已进入超微颗粒范畴，“超”的含意则表明它已具有与大块物体显著不同的特性，而通常人们概念中的微粉仅仅是尺度较小但理化性质与大块物体差别不大。特别要指出的是，超微颗粒性质上出现质变的临界尺寸的大小是针对所研究的某一物理或化学特性而言的，与材料的种类、所处的温度都有关系。换句话说，超微颗粒尺寸的上限可以在较大的范围内变化，一般而言，在室温条件下，产生理化性质显著变化的颗粒直径多数处于0.1μm以下。因此，从功能材料角度出发，可以将超微颗粒直径的上限定为0.1μm，即100nm。也可以认为，超微颗粒是指超越常规机械粉碎的手段所获得的微颗粒。近来出现一种气流粉碎技术，据称这种技术可以产生“小于1μm超细碳化硅微粉”。气流粉碎技术是采用高速的超音速气流加速固体物料，并使其互相撞击或与靶撞击使物料粉碎的技术。采用气流粉碎的加工效率较高，特别是对超硬的材料，经过优化设计的气流粉碎设备，可以使物料在粉碎时不接触其他物质，因而对粉料的污染可以减到最小。而常规机械球磨所获得的极限直径大致上为1μm，因此可以1μm为超微颗粒直径的上限。笼统地讲，超微颗粒直径的范围大致上处于$1\sim10^3$nm，即小于1μm。直径大于1μm的颗粒通常称为微粉；直径小于1nm的超微颗粒称为原子团簇；直径处于1~10nm范围内的超微颗粒则称为纳米微粒。纳米微粒是目前研究工作的重点。

超微颗粒材料的颗粒尺寸无严格的界限，关键是应当了解性能出现显著改变的颗粒尺寸是针对某一项特性而言的，利用不同的理化特性，对于各种应用目的应当采用不同的最佳颗粒尺寸范围。传统的宏观物体常用mm、cm、m的长度单位来衡量，而超微颗粒的尺度通常用nm、μm来表征。超微颗粒的形态用人的肉眼是难以分辨的，只有用电子显微镜才能分辨清楚。

根据目前人们对超微颗粒的研究，超微颗粒的特殊性质主要取决于表面效应、小尺寸效应以及量子效应。三者相互联系，难以截然分开，但为了突出主要因素，必须对这三种效应及其相关联的基本性质有一个大概的了解。

1. *表面效应*

球形颗粒的表面积与直径的平方成正比，其体积与直径的立方成正比，故其比表面积（表面积/体积）与直径成反比。随着颗粒直径变小，比表面积将会显著增大，说明表面原子百分数将会显著地增加，假如原子间距为3×10^{-4}μm，表面原子仅占一层，粗略地估算表面原子百分数见表6-2。

表6-2 超微颗粒表面原子百分数与颗粒直径的关系

直径/$\times10^{-4}$μm	10	50	100	1000
原子总数	30	4×10^3	3×10^4	3×10^5
表面原子百分数(%)	100	40	20	2

由表6-2可见，对直径大于0.1μm的颗粒，其表面效应可忽略不计；当直径小于

0.01μm时，其表面原子百分数急剧增长，甚至1g超微颗粒表面积的总和可高达$100m^2$，这时的表面效应将不容忽略。超微颗粒的表面与大块物体的表面是十分不同的，若用高倍率电子显微镜对金超微颗粒（直径为$2\times10^{-3}\mu m$）进行电视摄像，实时观察发现这些颗粒没有固定的形态，随着时间的变化会自动形成各种形状（如立方八面体、十面体、二十面体多孪晶等），它既不同于一般固体，又不同于液体，是一种准固体。在电子显微镜的电子束照射下，表面原子仿佛进入了“沸腾”状态，直径大于10nm后才看不到这种颗粒结构的不稳定性，这时超微颗粒具有稳定的结构状态。

金属超微颗粒的表面具有很高的活性，在空气中会迅速氧化而燃烧。如要防止自燃，可采用表面包覆或有意识地控制氧化速率，使其缓慢氧化生成一层极薄而致密的氧化层，确保表面稳定化。利用表面活性，金属超微颗粒可望成为新一代的高效催化剂和储气材料以及低熔点材料。

2. 小尺寸效应

随着颗粒尺寸的量变，在一定条件下会引起颗粒性质的质变。由于颗粒尺寸变小所引起的宏观物理性质的变化称为小尺寸效应。对超微颗粒而言，尺寸变小，同时其比表面积也显著增加，从而产生如下一系列新奇的性质。

（1）特殊的光学性质　当金被细分到直径小于光波波长的尺寸时，即失去了原有的富贵光泽而呈黑色。事实上，所有的金属在超微颗粒状态都呈现为黑色。尺寸越小，颜色越黑，如银白色的铂（白金）变成铂黑，金属铬变成铬黑。由此可见，金属超微颗粒对光的反射率很低，通常可低于1%，大约几微米的厚度就能完全消光。利用这个特性，金属超微颗粒可以作为高效率的光热、光电等转换材料，可以高效率地将太阳能转变为热能、电能；此外有可能应用于红外敏感元件、红外隐身技术等。

（2）特殊的热学性质　固态物质在其形态为大尺寸时，其熔点是固定的，超细微化后却发现其熔点将显著降低，当颗粒小于10nm量级时尤为显著。例如，金的常规熔点为1064℃，当颗粒直径减小到10nm时，则降低27℃，当颗粒直径为2nm时熔点仅为327℃左右；银的常规熔点为670℃，而银超微颗粒的熔点可低于100℃。因此，银超微颗粒制成的导电浆料可以进行低温烧结，此时元件的基片不必采用耐高温的陶瓷材料，甚至可用塑料。采用银超微颗粒浆料，可使膜厚均匀，覆盖面积大，既省料又具有高质量。日本川崎制铁公司采用0.1～1μm的铜、镍超微颗粒制成导电浆料可代替钯与银等贵金属。超微颗粒熔点下降的性质对粉末冶金工业具有一定的吸引力。例如，在钨颗粒中附加质量分数为0.1%～0.5%的超微镍颗粒后，可使烧结温度从3000℃降低到1200～1300℃，以至可在较低的温度下烧制成大功率半导体管的基片。

（3）特殊的磁学性质　人们发现鸽子、海豚、蝴蝶、蜜蜂以及生活在水中的趋磁细菌等生物体中存在磁性超微颗粒，使这类生物在地磁场导航下能辨别方向，具有回归的本领。磁性超微颗粒实质上是一个生物磁罗盘，生活在水中的趋磁细菌依靠它游向营养丰富的水底。通过电子显微镜的研究表明，在趋磁细菌体内通常含有直径约为$2\times10^{-2}\mu m$的磁性氧化物颗粒。小尺寸的超微颗粒磁性与大块材料有显著的不同，如大块的纯铁矫顽力约为80A/m，而当颗粒直径减小到$2\times10^{-2}\mu m$以下时，其矫顽力可增加1000倍；若进一步减小其尺寸，大约颗粒直径小于$6\times10^{-3}\mu m$时，其矫顽力反而降低到零，呈现出超顺磁性。由于磁性超微颗粒具有高矫顽力的特性，已作成高储存密度的磁记录磁粉，大量应用于磁带、磁盘、磁卡以及磁性钥匙等。利用超顺磁性，人们已将磁性超微颗粒制成用途广泛的磁性液体。

（4）特殊的力学性质　陶瓷材料在通常情况下呈脆性，然而由纳米超微颗粒压制成的纳米陶瓷材料却具有良好的韧性。因为纳米材料具有大的界面，界面的原子排列是相当混乱的，原子在外力变形的条件下很容易迁移，因此表现出甚佳的韧性与一定的延展性，使陶瓷材料具有新奇的力学性质。据美国学者报道，氟化钙纳米材料在室温下可以大幅度弯曲而不断裂。研究表明，人的牙齿之所以具有很高的强度，是因为它是由磷酸钙等纳米材料构成的。呈纳米晶粒的金属要比传统的粗晶粒金属硬 3 ~5 倍。至于金属-陶瓷等复合纳米材料则可在更大的范围内改变材料的力学性质，其应用前景十分宽广。

超微颗粒的小尺寸效应还表现在超导电性、介电性能、声学特性以及化学性能等方面。

3. 量子效应

各种元素的原子具有特定的光谱线，如钠原子具有黄色的光谱线。原子模型与量子力学已用能级的概念进行了合理的解释，由无数的原子构成固体时，单独原子的能级就并合成能带，由于电子数目很多，能带中能级的间距很小，因此可以看做是连续的，从能带理论出发，成功地解释了大块金属、半导体、绝缘体之间的联系与区别，对介于原子、分子与大块固体之间的超微颗粒而言，大块材料中连续的能带将分裂为分立的能级，能级间的间距随颗粒尺寸减小而增大。当热能、电场能或者磁场能比平均的能级间距还小时，就会呈现一系列与宏观物体截然不同的反常特性，称之为量子尺寸效应。例如，导电的金属在超微颗粒时可以变成绝缘体，磁矩的大小和颗粒中电子是奇数还是偶数有关，比热容也会反常变化，光谱线会向短波长方向的移动，这就是量子尺寸效应的宏观表现。因此，对超微颗粒，在低温条件下必须考虑量子效应，原有宏观规律已不再成立。

电子具有粒子性又具有波动性，因此存在隧道效应。近年来，人们发现一些宏观物理量，如微颗粒的磁化强度、量子相干器件中的磁通量等也显示出隧道效应，称之为宏观量子隧道效应。量子尺寸效应、宏观量子隧道效应将会是未来微电子、光电子器件的基础，或者它确立了现存微电子器件进一步微型化的极限，当微电子器件进一步微型化时必须要考虑上述的量子效应。例如，在制造半导体集成电路时，当电路的尺寸接近电子波长时，电子就通过隧道效应而溢出器件，使器件无法正常工作，经典电路的极限尺寸大概在 0.25μm。目前研制的量子共振隧穿晶体管就是利用量子效应制成的新一代器件。

二、常见的超微颗粒材料

超微颗粒具有和大块固体不同的许多奇异性质，这就为人们提供了发掘新效应、开发新功能、开拓新用途的广阔天地。有些应用已较成熟，可进入中试开发的阶段；有的已初露其优越性，必须进一步研究和提高；更多的应用，有待于各行各业进一步开发、移植和引用。超微颗粒材料可具有多种形态，目前常见的有颗粒型、纳米固体、颗粒膜和磁性液体。

1. 颗粒型材料

超微颗粒可以采用物理方法获得，即在低气压惰性气体中加热金属或化合物使其蒸发、冷凝，控制惰性气体的种类与气压可以得到不同粒径的颗粒。应用时直接使用超微颗粒的形态的材料称为颗粒型材料。人们所熟知的染料、颜料、胶粘剂和催化剂均属于颗粒型材料。近年来，国际上对超微颗粒催化剂十分重视，称之为第四代催化剂。利用超微颗粒甚高的比表面积与活性可以显著地提高催化效率，例如，以粒径小于 0.3μm 的镍和铜-锌合金的超微颗粒为主要成分制成的催化剂，可使有机物氢化的效率达到传统镍催化剂的10倍；超细的铁、镍与γ-Fe_2O_3混合轻烧结体，可以代替贵金属而作为汽车尾气净化的催化剂；超细银粉可作为乙烯氧化的催化剂；超细的铁微粒作为催化剂，可以在低温将二氧化碳分解为碳和水；超细铁粉可在苯气相热分解中起成核作用，从而生成碳纤维。近年来，发现一系列金属超微颗粒沉积在冷冻的烷烃基质上，经特殊处理后将具有断裂碳—碳键或加成到碳—氢键之间的能力，如铁、镍微颗粒可生成$M_xC_yH_z$组成的准金属有机粉末，该粉末对催化氢化具有极高的活性。

超细的银粉、镍粉轻烧结体作为化学电池、燃料电池和光化学电池中的电极，可以增大与液体或气体之间的接触面积，增加电池效率，有利于电池的小型化。超微颗粒的轻烧结体可以生成微孔过滤器。例如，镍超微颗粒所制成的微孔过滤器平均孔径可达10nm，从而可用于气体同位素、混合稀有气体、有机化合物的分离和浓缩，也可用于发酵、医药和生物技术中。磁性超微颗粒作为药剂的载体，在外磁场的引导下集中于病患部位，利于提高药效，这方面的研究国内外均在积极地进行。采用金超微颗粒制成金溶胶，接上抗原或抗体就能进行免疫学的间接凝集试验，可用于快速诊断。如将金溶胶妊娠试剂加入孕妇尿液中，未妊娠呈无色，妊娠则呈显著红色，仅用0.5g金即可制备10000mL的金溶皎，可测1万人次，其判断结果清晰可靠。有一种超微颗粒乳剂载体，极易和游散于人体内的癌细胞溶合，若用它来包裹抗癌药物，可望制成克癌“导弹”。

在化学纤维制造工序中掺入铜、镍等金属超微颗粒，可以合成导电性的纤维，从而制成防电磁辐射的纤维制品或电热纤维，也可与橡胶、塑料合成导电复合体。美国F-117A型隐身战斗机，其机身外表所包覆的红外与微波隐身材料中包含有多种超微颗粒，它们对不同波段的电磁波有强烈的吸收能力。在火箭发射的固体燃料推进剂中添加质量分数为1%的铝或镍超微颗粒，每克燃料的燃烧热可增加1倍。此外，超细、高纯陶瓷超微颗粒是精密陶瓷必需的原料。

2. 纳米固体材料

纳米固体材料通常指由直径小于15nm的超微颗粒在高压力下压制成形，或再经一定热处理工序后所生成的致密型固体材料。纳米固体材料的主要特征是具有巨大的颗粒间界面，如直径为5nm的颗粒所构成的固体每立方厘米将含10^{19}个晶界，原子的扩散系数要比大块材料高10^{14} ~ 10^{16}倍，从而使得纳米材料具有高韧性。通常陶瓷材料具有高硬度、耐磨、抗腐蚀等优点，但又具有脆性和难以加工等缺点，纳米陶瓷在一定的程度上可增加韧性，改善脆性。如将纳米陶瓷退火使晶粒长大到微米量级，又将恢复通常陶瓷的特性，因此可以利用纳米陶瓷的特性对陶瓷进行挤压与轧制加工，随后进行热处理，使其转变为通常陶瓷，或进行表面热处理，使材料内部保持韧性，但表面却显示出高硬度、高耐磨性与抗蚀性。电子陶瓷发展的趋势是超薄化（厚度仅为几微米），为了保证均质性，组成的粒子直径应为厚度的1%左右，因此需用超微颗粒为原材料。随着集成电路、微型组件与大功率半导体器件的迅速发展，对高热导率的陶瓷基片的需求量日益增长，高热导率的陶瓷材料有金刚石、碳化硅、氮化铝等，用超微氮化铝所制成的致密烧结体的热导率为100 ~ 220W/(m · K)，较通常产品高2.5 ~ 5.5倍。用超微颗粒制成的精细陶瓷有可能用于陶瓷绝热涡轮复合发动机，以及耐高温、耐腐蚀的轴承和滚球等。

复合纳米固体材料也是一个重要的应用领域。例如，含有20%钴超微颗粒的金属陶瓷是火箭喷气口的耐高温材料；金属铝中加入少量的陶瓷超微颗粒，可制成重量轻、强度高、韧性好、耐热性强的新型结构材料。超微颗粒也有可能作为渐变（梯度）功能材料的原材料。例如，材料的耐高温表面为陶瓷，与冷却系统相接触的一面为导热性好的金属，其间为陶瓷与金属的复合体，使其间的成分缓慢连续地发生变化，这种材料可作为温差达1000℃的航天飞机隔热材料、核聚变反应堆的结构材料。渐变功能材料是近年来发展起来的新型材料，预期在生物医学上可制成具有生物活性的人造牙齿、人造骨、人造器官，可制成复合的电磁功能材料、光学材料等。

3. 颗粒膜材料

颗粒膜材料是指将颗粒嵌于薄膜中所生成的复合薄膜，通常选用两种在高温互不相溶的组元制成复合靶材，在基片上生成复合膜，当两组分的比例大致相当时，就生成迷阵状的复合膜，因此改变原始靶材中两种组分的比例可以很方便地改变颗粒膜中的颗粒大小与形态，从而控制膜的特性。对金属与非金属复合膜，改变组成比例可使膜的导电性质从金属导电型转变为绝缘体型。

颗粒膜材料有诸多应用，例如，作为光的传感器，金颗粒膜从可见光到红外光的范围内，光的吸收效率与波长的依赖性甚小，从而可作为红外线传感元件。铬-三氧化二铬颗粒膜对太阳光有强烈的吸收作用，可以有效地将太阳光转变为热能；硅、磷、硼颗粒膜可以有效地将太阳能转变为电能；氧化锡颗粒膜可制成气体-湿度多功能传感器，通过改变工作温度，可以用同一种膜有选择地检测多种气体。颗粒膜传感器的优点是灵敏度高、响应速度快、精度高、能耗低和小型化，通常用作传感器的膜质量仅为0.5μg，因此单位成本很低。超微颗粒虽有众多优点，但在工业上尚未形成较大的应用规模，其主要原因是价格较高；而颗粒膜的应用则不受价格因素的影响，这是超微颗粒实用化的很重要的方向。

4. 磁性液体材料

磁性液体是由超微颗粒包覆一层长键的有机表面活性剂，高度弥散于一定基液中，而构成稳定的具有磁性的液体。它可以在外磁场作用下整体地运动，因此具有其他液体所没有的磁控特性。常用的磁性液体采用铁氧体超微颗粒制成，它的饱和磁化强度大致上低于0.4T。目前研制成功的由金属磁性微粒制成的磁性液体，其饱和磁化强度可比常用的磁性液体高4倍。国外磁性液体已实现商品化，美国、日本、英国等均有专业生产磁性液体的企业，供应各种用途的磁性液体及其器件。因此，磁性液体的用途十分广泛。

（1）旋转轴动态密封　旋转轴转动部分的动态密封一直是工程界较为困难的课题。磁性液体用于旋转轴的动态密封是较为理想的一种方式。用环状的静磁场将磁性液体约束于被密封的转动部分，形成液体的“O”环，可以进行真空、加压、封水、封油等情况下的动态密封，目前已广泛用于机械、电子、仪器、宇航、化工、船舶等领域，如计算机硬盘转轴处的防尘密封、单晶炉转轴处的真空密封及X光机转靶部分的密封等。由于磁性液体轴承是利用被磁场固定在电动机转轴部位的磁性液体，旋转时形成的液体膜使电动机转轴悬浮并自动固定其中，电动机运转时，电动机轴与电动机其他部件没有直接接触，这样电动机工作时的磨损小、噪声低，因此它被广泛应用于多种需要高速稳定运转的场合。

（2）提高扬声器输出功率　为了增进扬声器中音圈的散热，可在音圈部分填充磁性液体，由于液体的热导率比空气高5~6倍，从而使得在相同结构的情况下，使扬声器的输出功率增加1倍。

（3）各种阻尼器件　如在以永久磁体作转子的步进电动机中滴加磁性液体，就可阻尼步进电动机的余振，使步进电动机平滑地转动。用磁性液体所构成的减振器可以消除极低频率的振动。利用磁性液体制作的磁性液体阻尼器不但性能高，而且又有轴承功效。它是由一个非磁性惯性块、一个安装了磁性体的轮圈以及一定量的磁性液体组成。其基本原理就是在轮圈与非磁性惯性块的间隙磁性液体，利用磁性体的强力磁场作用，使磁性液体在非磁性惯性块和磁性体之间形成一层磁性液体层，从而使磁性惯性块悬浮在磁性液体层上。这样就使磁性液体既具有了液体滑动轴承的功效，又由于磁场的作用而无泄忧；同时，磁性液体的粘性作用又产生了最佳的阻尼效果。在实际应用时，将轮圈与步进电动机的转轴固定，当电动机减速时，由于非磁性惯性块的惯性作用使其稳定时间大幅度地缩短，同样也可抑制电动机在其共振频域的振幅。匀速转动时，由于轮圈和非磁性惯性块是同时回转的，因此几乎没有能量损失。

（4）分离不同相对密度的非磁性金属与矿物　物体在磁性液体中的浮力是随着磁性液体的磁化状态而改变的，因此可采用一梯度磁场，控制磁场的强弱就可以分离不同相对密度的非磁性金属与矿物。

磁性液体的可能应用面十分广，如射流印刷用的磁性墨水、超声波发生器、X 射线造影剂（代替钡剂）、磁控阀门、磁性液体研磨、磁性液体的光学与微波器件、磁性显示器、火箭和飞行器用的加速计、磁性液体发电机、定位润滑剂等。

5. 氟特加氟碳表面改性涂料

用氟特加氟碳表面改性涂料涂覆于金属、外金属表面后，使这些物体表面形成一层 4 ~ 8nm 特殊取向的分子膜，它们可以使材料表面改性，赋予表面耐磨、抗粘着、耐腐蚀和其他一些特殊性能，大大提高耦联零件的耐磨性，从而改善机器、机床、工业机器人、各种工艺设备、金属材料以及切削工具的工作动态。

复习思考题

1. 新型工程结构陶瓷主要有哪几种类型？各有哪些特性和功用？
2. 什么是合金的“形状效应”？试举例说明其实用意义。
3. 什么是超塑合金？它有哪三种主要类型？
4. 什么是减振合金？它有哪三种主要类型？
5. 储氢合金和多孔金属材料的主要用途是什么？
6. 复合材料按基体材料来分主要有哪几种？各主要有什么功用？
7. 什么是超微颗粒材料？它有哪三种效应？
8. 超微颗粒材料目前常见的形态有哪几种？举例说明颗粒膜材料和磁性液体材料的用途。

试 题 库

一、判断题（对画“√”，错画“×”，画错扣分）

1. 道德是人类在社会生活中为了调整人们之间，以及个人与社会之间的关系，依靠“村规民约”而维系的行为规范。（ ）

2. 道德作为一种概念，是人类在长期的社会物质生产和生活实践中逐步形成和发展起来。（ ）

3. 道德与法一样有强制性。（ ）

4. 道德由一定的社会基础决定，并为一定的阶级服务。（ ）

5. 道德是永恒不变的，适用于一切时代。（ ）

6. 道德具有强烈的阶级性。（ ）

7. 职业道德是人们生活和劳动时应遵守的行为规范。（ ）

8. 职业道德是从事一定职业的人在特定工作和劳动中应遵循的特定的行为规范。（ ）

9. 职业道德的出现，与社会分工的发展相联系。（ ）

10. 职业道德的适用范围是社会上的所有成年人。（ ）

11. 从事不同职业的人有相同的职业道德要求。（ ）

12. 不论哪种职业，都是社会的有机组成部分，社会对各行各业又有着共同的职业道德要求。（ ）

13. 集体主义原则和全心全意为人民服务，成为社会主义职业道德的最高要求和本质特征。（ ）

14. 为人民服务是社会主义职业道德的核心，是衡量职工道德水平的标准。（ ）

15. 社会主义道德提倡爱岗敬业，忠于职守，就是要求人们甘做一颗“螺丝钉”，终身做好所从事的职业。（ ）

16. 法律是反映统治阶级意志的，由国家制定和认可的，靠国家强制力保证实施的行为规范的总和。（ ）

17. 职业培训是指对社会成员施以某种职业所需的知识、技能的教育和训练。（ ）

18. 不懈地将学习贯穿于职业生涯的始终，这也是不断创造和超越的过程，实现自身价值的过程。（ ）

19. 在学习型社会，人们必须通过实践，才能跟上时代的步伐，不致于落伍。（ ）

20. 终身教育在时间上将扩展到人的一生，在空间上将扩展到全社会。（ ）

21. 编制培训计划时应根据培训人员的层次，确定课程设置。（ ）

22. 示范性表演的演示法，最适用于“名师带徒”，它可在较短时间内提高工人、技师的操作技能。（ ）

23. 培训效果着重看考试成绩。（ ）

24. 职业培训计划是随企业生产经营、新产品开发、服务客户、员工岗位的变化等多种

动态的状态下，按“员工缺什么就补什么”的原则，不断地调整自己，有很大的可塑性。（ ）

25. 技师把自己的技术无保留地传授给徒弟是一项重要的任务。（ ）

26. 培训课程的内容在某一阶段可以适用，但随着时间与环境的变化而需要不断更新。（ ）

27. 案例教学一般在理论课程讲授过程中进行。（ ）

28. 安全和生产有予盾时，为了完成任务，有时要有敢于冒险的勇敢精神。（ ）

29. 提倡团结互助，应尽量减少排斥和竞争。（ ）

30. 生产过程的连续性要求不仅是对机械产品，而且是对所有工业产品生产的共同要求。（ ）

31. 连续生产方式也有其弱点，主要表现在这种方式只能适应固定的产品。（ ）

32. 生产设备先进，自动化程度高，生产连续性就好。（ ）

33. 在合理组织生产的过程中，应当使加工对象处于不停的运动之中。（ ）

34. 为了保证生产过程的比例性，要根据各生产单位的能力安排生产计划。（ ）

35. 批量生产方式是介于大量生产方式与小批量生产方式之间的一种生产方式。（ ）

36. 日常生产的组织工作，主要是做好日常生产的调度。（ ）

37. 为了掌握生产的主动权，避免出现忙乱被动现象，首先要做好日常生产的准备工作。（ ）

38. 技术资料的准备要充分，资料、文件等越详细越好。（ ）

39. 生产调度工作必须有统一性和计划性。（ ）

40. 调度工作要有预见性，预见生产发展趋势，不要等问题发生后再去处理，而要积极预防。（ ）

41. 调度工作要有全面性，要全面了解和掌握生产中的各种情况，作出正确的判断。（ ）

42. 调度工作要有及时性，做到大事不过天，小事不过班，急事不过夜，事事有着落，处理问题迅速果断。（ ）

43. 质量检验主要是由企业对生产过程中的半成品和最终产品按标准进行检验，把“不合格品”挑拣出来，因而减少企业的损失。（ ）

44. 产品的质量问题取决于生产过程的制造质量。（ ）

45. 全面质量管理十分重视产品形成全过程中各个环节的工作质量。因此，必须对企业生产经营中各个环节的工作质量给予十分重视和严格要求。（ ）

46. 全面质量管理十分重视产品质量形成过程中人的主观能动作用，强调人的因素是第一位的。（ ）

47. 全面质量管理十分重视成本分析，如果不顾效益，片面追求“高质量”，就会损害企业的经济效益。（ ）

48. 在有粉尘工作场所不能使用电气设备。（ ）

49. 职业危害的防护应坚持对患病职工认真治疗的方针。（ ）

50. 职业危害的防护应坚持以预防为主的方针。（ ）

51. 职业病是不可预防的疾病。（ ）

52. 职业病预防的主要任务，是治疗已病的职工。（ ）

53. 以矽尘危害为主的铸造生产，可造成职工矽肺病及铸工尘肺病。（ ）

54. 电碳、电瓷、磨料磨具、石棉等行业生产中的各种粉尘，可使劳动者患相应的苯中毒病。（ ）

55. 仪器仪表行业容易受汞毒危害。（ ）

56. 职业病是人为的疾病，其特点是有明显的病因，控制病因，即可以预防得病。（ ）

57. 职业危害预防的主要任务，不是治疗已病的职工，而是治疗“有病”的生产过程。（ ）

58. 职业危害坚持预防为主的方针，防与治是相辅相成的关系，但应以防为主，不能并列，更不能以治代防。（ ）

59. 生产过程中如果存在职业危害，则操作工患职业病是不可避免的。（ ）

60. 通风工程、除尘、排毒、隔热、放射性防护等是职业危害预防应用的基本技术手段。（ ）

61. 局部通风主要应用在恒温车间。（ ）

62. 局部排风主要应用在高温车间。（ ）

63. 吸声的材料是坚固且厚实的材料。（ ）

64. 消声器是一种允许气流通过而阻止或减弱声能传播的装置。（ ）

65. 设备的传动带、明齿轮、砂轮、电锯等应设置警示信号装置。（ ）

66. 精益生产的最高境界是：精益求精，尽善尽美。（ ）

67. 准时化生产（JIT）的方法是：生产同步化，生产均衡化，看板生产制。（ ）

68. 全面质量管理的特征是：全员参加的质量管理和全面质量管理。（ ）

69. 并行工程是“设计—制造—使用”的工作方法。（ ）

70. 企业实施“5S”，能提升企业形象，增加员工的归属感和组织活力，减少浪费，确保安全生产。（ ）

71. 从一定意义上讲，MRP Ⅱ 系统实现了物流和信息流在企业管理方面的集成。（ ）

72. ERP 实现了物流、资金流和信息流的同步运行和分析，改变了传统的企业资金信息滞后于物料信息的状况。（ ）

73. ISO 9000 族标准中，ISO 9001：2000《质量管理体系—要求》是必须执行的，用于企业建立质量管理体系并申请认证之用。（ ）

74. ISO 1400 系列标准是社会责任标准。（ ）

75. 成组技术（GT）是组织产品成批生产的技术。（ ）

76. 机电一体化技术是机械、微电子、计算机和自动控制技术有机结合的一门交叉型复合技术。（ ）

77. 机电一体化技术就是机械技术加计算机技术。（ ）

78. 机电一体化技术中的工程设计集成系统（EDIS）主要由 CAD、CAPP、CAM 和仿真软件等组成。（ ）

79. 计算机集成制造系统（CIMS）是由管理信息系统（MIS）、工程设计集成系统

(EDIS)、自动控制制造系统(AMS)、全面质量管理系统(TQMS)等四个功能系统和计算机网络(NET)、数据库系统(DBS)两个支持系统组成。 ( )

80. 柔性制造系统(FMS)主要由加工系统、CAD系统和数据库三大部分组成。 ( )

81. 国际电工委员会于1994年公布的《可编程序控制语言标准》中,规定了PLC梯形图(LD)、顺序功能图(SFC)、功能块图(FBD)、指令语言(IL)和结构文本(ST)等5种语言的句法、语义。 ( )

82. 超塑性主要有细精超塑性、相变超塑性和第三类超塑性等三种类型。 ( )

83. 超塑性变形的环境条件,主要取决于变形速度和成形方法。 ( )

84. 在进行激光淬火前,需对淬火金属表面进行清洁并涂黑处理。 ( )

85. 激光表面合金化和激光表面溶覆是一种激光表面改性技术。 ( )

86. 目前,超高速磨床用输出功率为40kW的超高速电主轴的转速达30000r/min。 ( )

87. 我国用于超高速铣床上的最大输出功率为7.5kW、调速范围为0~18000r/min的电主轴是由北京机床厂研制的。 ( )

88. 制造陶瓷切削刀具的材料主要有氧化铝、氮化硅、氮化硼、氧化铝-碳化钛等。 ( )

89. 镁铝尖晶石陶瓷是用氧化铝和氧化镁混合在1800℃高温下制成的耐高温、耐腐蚀的透明陶瓷。 ( )

90. 钛-镍(Ti-Ni)合金是一种形状记忆合金。 ( )

91. 钴-镍合金是一种耐腐蚀、耐疲劳合金。 ( )

92. 镁-镍合金是一种储氧合金。 ( )

93. 碳纤维增强碳复合材料和新近提出的“梯度功能材料”属于树脂基复合材料。 ( )

94. 目前,飞机和发动机上用的碳化硅/铝或碳化硅/钛属于树脂复合材料。 ( )

95. 纳米微粒的尺寸范围是1~10nm。 ( )

96. 超微颗粒的尺寸范围是0.1~1μm。 ( )

97. 金属的超微粒可成为新一代的高效催化剂和储气材料,是利用超微颗粒的小尺寸效应。 ( )

98. 所有金属在超微颗粒状态时都呈现为黑色,这是由超微颗粒的量子效应产生的。 ( )

99. 有的导电金属在超微颗粒时可以变成绝缘体,这是由超微颗粒的小尺寸效应产生的。 ( )

二、单选题(将正确答案的序号填入虚线内)

1. 职业道德与人们的________紧密相联。

A. 职业活动　　B. 社会分工的发展
C. 科学技术不断进步　　D. 经济发展

2. 职业道德是从职业活动中形成的,是________的特殊表现。

A. 生产方式　　B. 社会道德　　C. 生产发展水平

3. 每一种职业道德规范只适用于一定的职业领域，如医生的职业道德规范主要是________。

A. 热情服务，信誉第一 B. 救死扶伤，治病救人 C. 刻苦钻研，医术高超

4. 社会主义职业道德的核心是________。

A. 追求个人的完善和进步 B. 为企业创造效益

C. 为人民服务 D. 巩固按劳分配原则

5. 社会主义职业道德的基本原则是正确处理________的关系。

A. 人与人之间 B. 集体利益与个人利益

C. 国家利益与集体利益 D. 劳工与资本

6. 基于职业的________观念，每个从业人员应以正确的态度对待各种职业劳动，热爱自己所从事的职业，做到爱岗敬业。

A. 兴趣 B. 多劳多酬 C. 平等 D. 责任感

7. 允许________，是为人才的成长和发挥作用创造良好的环境，促使大多数人更加自觉地爱岗敬业，忠于职守。

A. 参加培训 B. 人才流动 C. 顶替就业 D. 在外兼职

8. ________是社会主义职业道德的核心，是衡量职业道德水平的标准。

A. 服从领导指挥 B. 不怕困难，苦干实干

C. 为人民服务 D. 爱厂如家

9. 终身教育是使每个人的一生中，使学习成为一个不断取得能力的过程，其基本特征是________。

A. 终身性 B. 连贯性 C. 实用性

10. 教学大纲是根据培训（教学）计划，按________分别编写的。

A. 专业 B. 工种 C. 学科（课程） D. 行业

11. 多媒体教学法又称为________。

A. 演示教学法 B. 视听教学法 C. 信息教学法 D. 远程教学法

12. 生产过程的比例性是保证产品________的前提条件。

A. 质量 B. 生产过程连续性 C. 提高产量 D. 安全生产

13. 生产过程的节奏性可以保证________。

A. 降低工人的劳动强度 B. 生产的比例性，并进而保证生产连续性

C. 产品的质量 D. 安全生产

14. 生产过程的平行性，可以________。

A. 提高产量质量 B. 保证安全生产

C. 缩短生产周期 D. 节省原材料

15. 尽管小批量生产方式有其缺点，但仍然是社会需要的，特别适用于很多________生产。

A. 高精密度的设备 B. 专用的非标设备

C. 复杂的设备 D. 常用的设备

16. 当产品品种较多，而每一种产品的产量又有一定数量时，可采用________方式生产。

A. 连续生产方式 B. 小批生产方式 C. 批量生产方式

17. 在制造过程中，必须包括一个同时存在的________过程。
A. 学习　　B. 交流经验　　C. 检验　　D. 清洁卫生

18. 我国的安全生产方针是________。
A. 生产必须安全，安全促进生产　　B. 安全第一，预防为主
C. 安全好坏一票否决　　D. 安全重于泰山

19. 机床局部照明和行灯的电压不能大于________。
A. 36V　　B. 110V　　C. 220V　　D. 360V

20. 压力气瓶放置地点必须距明火________以外。
A. 5m　　B. 10m　　C. 15m　　D. 20m

21. 使劳动者不接触职工危害因素，称之为________级预防。
A. 一级　　B. 二级　　C. 三级

22. 检测到劳动者接触危害因素，及时治疗，及时遏制，称之为________级预防。
A. 一级　　B. 二级　　C. 三级　　D. 四级

23. 劳动者职业病明显，在治疗的同时，防止病情恶化或发生并发病，促使其早日康复，称之为________级预防。
A. 一级　　B. 二级　　C. 三级　　D. 四级

24. 职业危害的预防应坚持________方针。
A. 对发病的职工积极治疗　　B. 预防为主
C. 质量第一　　D. 不断改善劳动条件

25. 在学习型社会，人们必须通过________，不断地补充新的知识和技能，才能跟上时代的步伐，不致于落伍。
A. 技能训练　　B. 终身教育　　C. 职业培训　　D. 自学成才

26. 多媒体技术使教学形式更为活泼，教学手段更为________。
A. 多产化　　B. 集成化　　C. 远程化　　D. 现代化

27. ________的教学原则，就是使学员从理论和实际的联系中去理解和掌握教学内容，并引导学员运用所学知识分析和解决问题，从而获得比较全面的知识。
A. 理论联系实际　　B. 因材施教　　C. 直观性　　D. 循序渐进

28. 培训计划的内容包括课程设置、课程开设的顺序和________。
A. 课程要目及章节　　B. 课时分配及培训时间
C. 任课教师　　D. 教材教具

29. 演示法最适用于________，它可以在较短时间内提高技术工人、技师的操作技能。
A. 职业培训　　B. 师傅带徒弟
C. 专业技能培训　　D. 技工学校教育

30. 案例教学，一般要在________进行，使学员能够运用所学理论来分析、讨论案例，并通过案例教学提高、加深所学的理论。
A. 培训前　　B. 理论教学过程中　　C. 理论讲授后　　D. 技能训练后

31. 电化教学法和________是现代化教学方法。
A. 演示法　　B. 案例教学法　　C. 参观法　　D. 讲授法

32. 技师以“传、帮、带”的形式带徒弟和培养新工人，对工人的技艺水平，进而对

______起到很大的作用。

A. 培训质量　B. 工人的素质

C. 产品质量的好坏　D. 安全生产

33. MRPⅡ把传统的账务处理同发生账务的事务集成在一起，不仅能说明账务的资金现状，而且还能说明______的来龙去脉。

A. 物资　B. 资金　C. 人员　D. 技术

34. ERP是一个面向______管理的管理信息集成。

A. 物资链　B. 资金链　C. 供需链

35. ______标准是质量管理和质量保证技术标准。

A. ISO 1400　B. ISO 9000　C. SA8000

36. 精益生产的基础工具“5S”是整理、整顿、清扫、清洁和______。

A. 安全　B. 素养　C. 规范　D. 整齐

37. 机电一体化技术是______。

A. 以机械产品为主体，实现机械、电子、信息等技术互相结合、融为一体的产品和系统

B. 机械、微电子、计算机和自动控制技术有机相结合的一门交叉型复合技术

C. 机械加计算机技术

38. 计算机辅助工艺规划（CAPP）主要包括的三种软件是______。

A. 工艺设计软件、夹具软件和刀具准备软件

B. 工艺设计软件、控制软件和计算机软件

C. 工艺设计软件、控制软件和数据库

39. 机电一体化技术中的工程设计集成系统（EDIS）主要由以下四部分组成，即______。

A. CAD、CAM、GT和NET

B. CAD、DBS、GT和NET

C. CAD、CAPP、CAM和仿真软件

40. 计算机集成制造系统（CIMS）是由以下四个功能系统和两个支持系统组成的，即______。

A. 管理信息系统（MIS）、计算机辅助设计（CAD）、计算机辅助制造（CAM）、工程设计集成系统（EDIS）等四个功能系统和计算机网络（NET）、数据库系统（DBS）两个支持系统

B. 管理信息系统（MIS）、计算机辅助设计（CAD）、计算机辅助制造（CAM）、全面质量管理系统（TQMS）等四个功能系统和计算机网络（NET）、数据库系统（DBS）两个支持系统

C. 管理信息系统（MIS）、工程设计集成系统（EDIS）、自动化制造系统（AMS）、全面质量管理系统（TQMS）等四个功能系统和计算机网络（NET）、数据库系统（DBS）两个支持系统

41. 柔性制造系统（FMS）主要由以下三大功能部分组成______。

A. 加工系统、计算机网络（NET）和计算机辅助设计（CAD）

B. 加工系统、物流系统和信息流系统

C. 加工系统、CAD 系统和数据库系统

42. 国际电工委员会于 1994 年公布的《可编程序控制语言标准》中，规定的 5 种语言是________。

A. 梯形图（LD）、顺序功能图（SFC）、功能块图（FBD）、指令语言（IL）和结构文本（ST）

B. 梯形图（LD）、顺序功能图（SFC）、Basic 语言、功能块图（FBD）和 C 语言

C. 梯形图（LD）、功能块图（FBD）、VC++ 语言、VB 语言和结构文本（ST）

43. 超塑性材料的超塑性有一种称为细精超塑性，它又称为________。

A. 组织超塑性和相变超塑性

B. 静超塑性和第三类超塑性

C. 恒温超塑性、静态超塑性或组织超塑性

44. 超塑变形的环境条件，主要取决于下面两个参数，即________。

A. 变形温度和变形速率　B. 变形速率和加工工具　C. 变形速率和成形方法

45. 在进行激光淬火前需对淬火金属表面进行如下处理________。

A. 清洁表面并进行黑处理

B. 清洁表面并涂反光材料

C. 仅需清洁表面

46. 激光表面合金化和激光表面熔覆是________。

A. 一种激光淬火技术

B. 一种激光表面改性技术

C. 一种激光焊接技术

47. 超高速切削铝合金、铸铁、超耐热镍合金等材料的切削速度范围是________。

A. 铝合金超过 800m/min，铸铁为 750m/min，超耐热镍合金为 150m/min

B. 铝合金超过 1200m/min，铸铁为 1100m/min，超耐热镍合金为 200m/min

C. 铝合金超过 1600m/min，铸铁为 1500m/min，超耐热镍合金为 300m/min

48. 目前超高速磨削用的输出功率达 40kW 的超高速电主轴的转速达________。

A. 20000r/min　B. 30000r/min　C. 40000r/min

49. 下列哪些陶瓷是耐高温、高强度、耐磨损陶瓷________。

A. 氮化硅、氮化硼、氧化铝、氧化铝-碳化钛等

B. 添加氧化锆的陶瓷

C. 用氧化铝和氧化镁混合在 1800℃高温制成的镁铝尖晶石陶瓷

50. 下列哪种陶瓷为耐高温、耐腐蚀的透明陶瓷________。

A. 镁铝尖晶石陶瓷　B. 氮化硅、单晶硼、氧化铝　C. 添氧化锆陶瓷

51. 下列哪种合金是形状记忆合金________。

A. 铁-铜合金　B. 铜-铝合金　C. 钛-镍（Ti-Ni）合金

52. 下列哪种合金是耐腐蚀和耐疲劳的减振合金________。

A. 镁-锆系合金　B. 钴-镍系合金　C. 铁-铬-铝合金

53. 镁-镍合金是一种储________合金。

A. 氧　　B. 氢　　C. 氮

54. 碳纤维增强碳基复合材料和新提出的“梯度功能材料”属于________。

A. 纤维、增强陶瓷基复合材料

B. 树脂基复合材料

C. 晶须补强陶瓷基复合材料

55. 目前，有的飞机和发动机上用的碳化硅/铝或碳化硅/钛属于________。

A. 树脂基复合材料　　B. 金属基复合材料　　C. 晶须补强陶瓷基复合材料

56. 纳米微粒的尺寸范围为________。

A. 0.1 ~ 1μm　　B. 1 ~ 10μm　　C. 1 ~ 10nm

57. 超微颗粒的尺寸范围为________。

A. 5 ~ 10μm　　B. 1 ~ 5μm　　C. 0.1 ~ 1μm

58. 超微颗粒的特殊性质，主要取决于表面效应、小尺寸效应和量子效应等，金属超微颗粒可成为新一代的高效催化剂和储气材料，是利用超微粒的________。

A. 表面效应　　B. 小尺寸效应　　C. 量子效应

59. 所有的金属在超微颗粒状态都呈现为黑色，这是因为超微颗粒的________。

A. 表面效应　　B. 量子效应　　C. 小尺寸效应

60. 导电的金属在超微颗粒时可以变成绝缘体，这是超微颗粒的________。

A. 量子效应　　B. 小尺寸效应　　C. 表面效应

61. 超微颗粒材料有多种形态，目前常见的有颗粒型、纳米固体、颗粒膜和磁性液体，用于旋转轴动态密封的是超微粒________。

A. 颗粒型材料　　B. 颗粒膜材料　　C. 磁性液体材料

三、多选题（将正确答案的序号填入括号内）

1. 在中国思想史上，道德是指人的(　　)。

A. 思想品质　　B. 修养程度　　C. 善恶评价　　D. 风尚习俗

2. 道德是依靠(　　)而形成的。

A. 制度和法规　　B. 内心信念　　C. 社会舆论

D. 传统习惯　　E. 教育力量

3. 职业道德形成的基本条件是(　　)。

A. 科技发展　　B. 生产发展和社会分工的出现

C. 人们从事各种职业活动　　D. 社会文明程度的提高

4. 职业道德依靠(　　)的力量来维系。

A. 制度和法规　　B. 社会舆论　　C. 信念

D. 传统习惯　　E. 教育

5. 为了调整(　　)的关系，便产生了职业道德。

A. 每个从业人员之间　　B. 不同行业之间

C. 不同职业内部　　D. 人与人之间

6. 职业道德是依靠(　　)和教育的力量来维系的。

A. 监督　　B. 社会舆论　　C. 人们的信念

D. 传统习惯　　E. 法律

7. 职业道德的特征可概括为(　　)。

A. 对象的稳定性和职业的规定性　　B. 思想的先进性和行动的正确性

C. 内容的稳定性和连续性　　D. 形式的多样性和适用性

8. 社会主义职业道德的特点是(　　)。

A. 先进性　　B. 优越性　　C. 层次性　　D. 长期性

9. 从事特定职业的人向先辈学习技艺的同时，也把（　　）继承下来，使职业道德表现出特有的继承性和连续性。

A. 职业传统　　B. 职业品质　　C. 职业习惯　　D. 职业心理

10. (　　)成为社会主义职业道德的最高表现，也是共产主义人生观的最高境界。

A. 一不怕苦，二不怕死　　B. 全心全意为人民服务

C. 听党的话　　D. 团结互助

11. 尊师爱徒、团结互助，这是工业生产(　　)之间重要的道德规范，是集体主义道德原则和人际关系在职业活动中的具体体现。

A. 老乡　　B. 内部从业人员　　C. 同行　　D. 朋友

12. 只有通过学习，才能(　　)。

A. 重新发现和尝试新的事业　　B. 重新塑造自我

C. 提高酬薪　　D. 增加拓展创造未来的能量

13. 实验过程，既能使学员巩固、加深所学理论知识，又能培养他们的（　　）。

A. 观察能力　　B. 动手能力　　C. 思维能力

D. 创新能力　　E. 合作能力

14. 现代化的教学方法有(　　)。

A. 演示教学法　　B. 电化教学法　　C. 案例教学法　　D. 讨论教学法

15. 培训效果包括(　　)的提高。

A. 智力型技能　　B. 基本知识技能　　C. 思想觉悟

D. 操作技能　　E. 团队合作精神

16. 职业培训具有(　　)等特点。

A. 同步性　　B. 多样性　　C. 可塑性　　D. 实用性

17. 培训需求分析有(　　)等几种方法。

A. 现有资料分析法　　B. 人才预测法　　C. 调查问卷法　　D. 访谈法

18. 制订职业培训计划要掌握的人员资料包括(　　)等。

A. 企业目前近、远期人才结构及水平

B. 员工的知识（专业）结构及水平

C. 各岗位人才密度及结构程度

D. 操作工的专业技能结构及水平

19. 实验实习法使学员正确使用仪器设备，学习、观察实验现象，学会(　　)实验数据，进行绘图，正确分析和处理实验结果，得出客观结论。

A. 测量　　B. 分析　　C. 记录　　D. 整理

20. 职业培训是(　　)的需要。

A. 信息时代和学习型社会　　B. 企业生存和发展

C. 全球经济一体化　　D. 个人实现自身价值

21. 只有保证生产过程的连续性，才可以(　　)。

A. 缩短产品的生产周期　　B. 加速流动资金的周转

C. 减少在制品的数量　　D. 提高设备和生产场地的利用率

22. 注意生产过程的节奏性，可以保证(　　)。

A. 产品质量　　B. 生产的比例性　　C. 生产的连续性　　D. 安全生产

23. 充分利用产品生产的平行性，可以（　　）。

A. 缩短生产周期　　B. 为专业化生产提供客观条件

C. 提高产品质量　　D. 减轻工人劳动强度

24. 当产品的社会需求量很大时，为了取得良好的经济效益，可采用(　　)方式组织生产。

A. 高效的专用工具　　B. 数控机床　　C. 专用设备　　D. 流水线生产

25. 小批生产方式适用于(　　)的产品。

A. 需求数量很少　　B. 精密度要求非常高

C. 有特殊要求　　D. 需用稀有贵重材料

26. 为了保证生产作业计划的实现，必须做好日常生产活动的组织工作，包括(　　)。

A. 日常生产的准备工作　　B. 开好动员誓师大会

C. 生产的调度　　D. 制定规章制度

27. 为了取得连续生产下的“规模效益”，可采用以下的方式(　　)。

A. 进行企业间的合理取舍

B. 对类似产品进行合理分解，尽可能使零部件在不同产品之间通用

C. 改造设备，提高劳动效率

D. 建立“柔性加工系统”

28. 日常生产调度工作的任务是(　　)。

A. 以“质量第一”为要求，组织日常生产活动

B. 以生产计划为依据，合理组织日常生产活动

C. 经常检查各生产环节计划执行情况，及时发现和处理生产中发生的矛盾

D. 协调各生产环节，确保生产计划的完成

29. 技术资料的准备内容是(　　)。

A. 图样　　B. 测量工具　　C. 有关资料　　D. 技术文件

30. 工艺工件的准备，主要是做好(　　)。

A. 把所需要的刀、夹、量、模具及时送到工场

B. 对一些关键工艺工件要有配套

C. 工艺工件要有一定的储备

D. 工艺工件使用完后交回仓库保管

31. 工艺工件的准备，做到将(　　)及时送到工场。

A. 刀具　　B. 夹具　　C. 量具　　D. 模具

32. 产品的质量问题不仅取决于生产过程的制造质量，而且取决于(　　)。

A. 设计工作质量　　B. 售中售后服务质量

C. 追求高质量而不应计较成本

33. 全面质量管理十分重视建立一套完整的高效率的企业质量保证体系，可以(　　)。
A. 使每一个员工绝对服从主管领导
B. 使产品的生产处于严格有效的控制之下
C. 充分满足用户的需要
D. 保证生产的产品达到预期的质量要求
34. 全面质量管理十分重视对产品的质量形成的全过程管理，即(　　)。
A. 市场调查用户需求
B. 设计出符合用户需求的产品图样
C. 生产制造出符合图样要求的产品
D. 销售后帮助用户正确使用
35. 要抓好生产过程中产品质量的控制，(　　) 是影响产品质量的要素。
A. 领导班子　　B. 操作工和技术装备C. 原材料
D. 工艺方法　　E. 劳动环境
36. 产品质量隐患往往是由于缺乏（　　）造成的。
A. 激励机制　　B. 良好的生产秩序
C. 过硬的生产技术　　D. 整洁的工作场所
37. 为了贯彻安全生产方针，“预防为主”是重中之重。为了做到“预防为主”，必须做到（　　）。
A. 坚持稳重，不许冒险　　B. 加强安全生产的组织保证
C. 大力引进现代化智能设备　　D. 建立安全生产管理制度
38. 为了做到安全生产，厂院要求做到（　　）。
A. 道路平坦、畅通、整洁
B. 有足够的照明，道路交叉处设有明显标志或信号装置
C. 搞好绿化，栽种美丽的花草
D. 坑、壕、池应设围栏或盖板
39. 为了做到安全生产，工作场所应做到（　　）。
A. 不能露天作业，厂房必须宽敞明亮
B. 保持整洁、美观，留有宽度不少于1m 的通道
C. 悬挂标语、口号，提醒大家安全生产
D. 通道上不得堆放原材料、成品、工具等
E. 场所内的通风、照明、温度、湿度、尘毒要符合国家卫生标准
40. 为了保证安全，电气设备要做到（　　）。
A. 经常清扫，整洁美观　　B. 绝缘必须良好
C. 设有保护器　　D. 金属外壳要有保护性接地或接零的措施
41. 各种压力容器应装有（　　）。
A. 警示标牌　　B. 安全阀（或防爆膜）
C. 压力表　　D. 减压阀
42. 涂装作业及焊接作业可造成生产者患（　　）等职业病。
A. 铅中毒　　B. 苯中毒　　C. 电工尘肺　　D. 锰中毒

43. 生产车间为了（　　），广泛采用局部排风系统。
A. 防电磁辐射　B. 防尘　C. 防毒　D. 防暑降温
44. 职业危害的防护应坚持（　　）的方针。
A. 对发病的职工积极治疗　B. 预防为主
C. 质量第一　D. 改善劳动条件
45. 职业病是可预防的疾病，职业病的发病特点是（　　）。
A. 有明显的病因
B. 有害物达到一定的接触量
C. 与职工个人体质和抵抗力有关
D. 具有从轻到重、从可逆到不可逆的过程
46. 职业危害预防的主要任务是（　　）。
A. 治疗已病的职工　B. 治疗“有病”的生产过程
C. 治疗“有病”的生产设备　D. 治疗“有病”的原材料
47. 单机除尘器集通风和除尘装置于一体，用以（　　）。
A. 捕集磨床和其他机床产生的金属、塑料、木材等机加工时产生的地屑和粉尘
B. 将有害气体净化排放
C. 排除焊接烟尘和含尘有毒气体
D. 防暑降温
48. （　　）是物理危害的工程控制。
A. 除尘　B. 隔热　C. 防噪
D. 电磁辐射防护　E. 放射性防护
49. 建筑物隔热有（　　）。
A. 外窗遮阳　B. 开空调　C. 屋顶隔热　D. 屋顶淋水
50. 设备隔热有（　　）。
A. 利用热绝缘材料　B. 利用热屏蔽设备　C. 利用空调器　D. 利用通风设备
51. 防噪就是防止噪声对人体的危害，（　　）是防噪工程的主要措施。
A. 隔声　B. 吸声　C. 消声　D. 机器人操作
52. 隔声结构有（　　）。
A. 隔声室　B. 远离声源　C. 隔声罩　D. 隔声屏
53. 电磁辐射防护，就是应用（　　），防止电磁辐射对人体的伤害。
A. 停电　B. 屏蔽　C. 接地　D. 远离

54. 工业生产过程中产生的（　　），即所说的工业“三废”。
A. 废料　B. 废渣　C. 废水
D. 废气　E. 废品
55. 机械工业废水的主要污染源是（　　）。
A. 电镀　B. 电焊
C. 造纸　D. 金属表面处理
56. 机械工业废气的主要污染源是（　　）。
A. 各种化学反应装置

B. 各种燃烧装置

C. 各种电解装置，熔融装置，以及酸、碱、洗涤装置

57. 生产同步化，即工序间不设仓库，要求（　　）。

A. 前一工序加工完的零件立即转入下一工序

B. 后工序在需要的时间到前工序领取需要的数量

C. 前工序只补充生产被领走的品种和数量

D. 前后工序信息互通，及时调整生产计划

58. 生产周期的长短取决于（　　）。

A. 各工序的生产能力　　B. 资金的投入

C. 生产作业和物流搬运的组织形式　　D. 设备的先进程度和自动化程度

59. ISO9001：2000 的五大模块是质量管理体系、产品实现、（　　）、质量分析和改进。

A. 管理职责　　B. 环境管理　　C. 资源管理　　D. 业绩改进

四、简答题

1. 什么是道德？
2. 什么是职业道德？
3. 社会主义职业道德的核心和基本原则是什么？
4. 工人职业道德的基本规范有哪些？
5. 为什么技师应承担起指导培训的任务？
6. 有效的培训应使学员达到哪几种能力？
7. 培训需求分析有哪几种方法？
8. 为什么演示法最适用于“名师带徒”？
9. 常用的教学方法有哪几种？
10. 为什么电化教学法是现代化教学方法？
11. 什么是科学性、思想性统一的原则？
12. 什么是理论联系实际的原则？
13. 什么是传授知识与发展能力相统一的原则？
14. 什么是教员主导作用与学员主动性、独立性相结合的原则？
15. 什么是直观性与抽象性相统一的原则？
16. 什么是统一要求和因材施教相结合的原则？
17. 为什么要对员工进行培训后的激励？
18. 制订培训计划的方法是什么？
19. 日常生产的准备工作主要有哪些内容？
20. 简述生产调度工作的内容。
21. 机械工业生产有哪些特点？
22. 机械工业在组织生产时有哪些要求？
23. 机械工业的生产组织体系有哪些方式？
24. 日常生产的组织工作应做哪些工作？
25. 什么是全面质量管理？有哪些特点？
26. 什么是精益生产？

27. 什么是生产均衡化？

28. JIT 的内涵是什么？

29. 什么是看板生产制？

30. 精益生产的基础工具“5S”指的是什么？

31. ERP 有哪几种主要模块？

32. ISO9001：2000 有哪五大模块？

33. 什么是机电一体化技术？机电一体化产品有哪些主要特征？

34. 机电一体化的相关技术有哪些？

35. 组建机电一体化系统的常用的基本单元技术有哪些？

36. 国际电工委员会于 1994 年公布的《可编程序控制语言标准》中，规定了哪 5 种 PLC 语言的语义和定义？

37. 超塑性材料有哪几种类型？超塑性成形工艺又有哪几种？

38. 目前常用的金属表面改性技术有哪些？

39. 新型工程结构陶瓷主要有哪几种类型？请各举几个例子。

40. 复合材料的品种按基体材料来分，可分为哪几大类？

41. 什么尺寸范围的材料称为超微颗粒？超微颗粒有哪些效应和特殊性质？

答 案 部 分

一、判断题

1. ×　2. ✓　3. ×　4. ✓　5. ×　6. ✓　7. ×　8. ✓
9. ✓　10. ×　11. ×　12. ✓　13. ✓　14. ✓　15. ×　16. ✓
17. ✓　18. ✓　19. ×　20. ✓　21. ✓　22. ✓　23. ×　24. ✓
25. ✓　26. ✓　27. ×　28. ×　29. ×　30. ✓　31. ✓　32. ×
33. ✓　34. ×　35. ✓　36. ×　37. ✓　38. ×　39. ✓　40. ✓
41. ✓　42. ✓　43. ×　44. ×　45. ✓　46. ×　47. ✓　48. ×
49. ×　50. ✓　51. ×　52. ×　53. ✓　54. ×　55. ✓　56. ✓
57. ✓　58. ✓　59. ×　60. ✓　61. ×　62. ×　63. ×　64. ✓
65. ×　66. ✓　67. ✓　68. ×　69. ×　70. ✓　71. ✓　72. ✓
73. ✓　74. ×　75. ×　76. ✓　77. ×　78. ✓　79. ✓　80. ×
81. ✓　82. ✓　83. ×　84. ✓　85. ✓　86. ×　87. ×　88. ✓
89. ✓　90. ✓　91. ✓　92. ×　93. ✓　94. ×　95. ✓　96. ✓
97. ×　98. ×　99. ×

二、单选题

1. A　2. B　3. B　4. C　5. B　6. C　7. B　8. C
9. A　10. C　11. B　12. B　13. B　14. C　15. B　16. C
17. C　18. B　19. A　20. B　21. A　22. B　23. C　24. B
25. B　26. A　27. A　28. B　29. B　30. C　31. B　32. C
33. B　34. C　35. B　36. B　37. B　38. A　39. C　40. C
41. B　42. A　43. C　44. A　45. A　46. B　47. C　48. C
49. A　50. A　51. C　52. B　53. B　54. B　55. B　56. C
57. C　58. A　59. C　60. A　61. C

三、多选题

1. ABCD　2. BCDE　3. BC　4. BCDE　5. ABC　6. BCD　7. ACD
8. AC　9. ABCD　10. B　11. BC　12. ABD　13. ABCD　14. BC
15. ABCD　16. ACD　17. ACD　18. ABD　19. ACD　20. ABD　21. ABCD
22. BC　23. AB　24. ACD　25. A　26. AC　27. ABD　28. BCD
29. ACD　30. ABC　31. ABCD　32. AB　33. BCD　34. ABCD　35. BCDE
36. BCD　37. BD　38. ABD　39. BDE　40. BCD　41. BCD　42. BCD
43. BCD　44. B　45. ABD　46. B　47. AC　48. BCDE　49. ACD
50. AB　51. ABC　52. ACD　53. BC　54. BCD　55. AD　56. B
57. ABC　58. AC　59. AC

四、简答题

1. 答：道德是人类在社会生活中调整人们之间，以及个人与社会之间的关系，依靠内心信念、社会舆论和传统习惯所维系的行为规范的总和。

2. 答：职业道德是从事一定职业的人在特定的工作和劳动中所应遵循的特定的行为规范。

3. 答：社会主义职业道德的核心是为人民服务。其基本原则是要正确处理集体利益与个人利益的关系。

4. 答：工人职业道德的基本规范主要有以下几点：爱岗敬业，忠于职守：遵纪守法，安全生产；尊师爱徒，团结互助；精心操作，重视质量。

5. 答：技师是技术专业人才，他们经验丰富，有一技之长，有的已掌握一两项“绝活”，成为某一方面的技术权威。技师以“传、帮、教”的形式带徒弟和培养新工人，尤其是技术性强或手工操作较多工种的工人，对提高他们的技艺水平，进而提高整个工人队伍素质和产品质量，起到很大的作用。所以，技师把自己的技术无保留地传授给徒弟，对工人以培训、指导，是一项很重要的任务。

6. 答：①智力型技能；②基本知识技能；③操作技能；④态度转变。

7. 答：培训需求分析有资料分析法、调查问卷法和访谈法。

8. 答：演示法是在技能的教学中，师傅向学员作示范性表演、实验，以说明或印证所教的知识的方法。它可在较短时间内提高技术工人、技师的操作技能。所以，演示法最适用于“名师带徒”。

9. 答：常用的教学方法有讲授法、问答法、讨论法、实验实习法、演示法、参观法、自学指导法和练习法等。

10. 答：电化教学是用多媒体教学设备，以幻灯片、影片、唱片、录音带、录像带、光盘、软件等作为教材进行教学，学员通过视觉和听觉强化输入信息的效果，所学内容既直观又生动，易于理解、掌握和记忆。所以，电化教学法是现代科技成果在教育上的应用，是教育现代化的标志之一。

11. 答：科学性、思想性统一的原则是指在教学过程中，向学员传授先进的、系统的文化科学基础知识和基本技能，同时结合各科教学特点，培养学员的辩证唯物主义世界观和正确的道德观。

12. 答：理论联系实际的原则是指在教学过程中，教员用理论和实际结合的教学方式，引导学员运用所学知识分析问题，解决问题，使学员从理论和实际的联系中去理解和掌握教学内容，从而获得比较全面的知识。

13. 答：传授知识与发展能力相统一的原则是指教员在向学员传授基本知识和技能的同时，还要通过讲授、参观、实习等方式，传授解决实际问题的方法和技巧，促进学员专业知识水平的提高和智慧、才能的发展。

14. 答：教员主导作用与学员主动性、独立性相结合的原则是指教员要调动学员的主动性，引导学员主动自觉地学习与发展，形成学员在教学中的主体地位。

15. 答：直观性与抽象性相统一的原则是指教员在教学时应用各种直观手段，使学员通过多种形式的感知和经验，获得生动表象；同时引导他们以感知认识为基础，进行分析、综合和抽象概括，全面深刻地理解概念和原理。

16. 答：统一要求和因材施教相结合的原则是指教员在教学中既从培养全体学员的基本性格和各科教学的基本要求出发，又要从学员个人的实际出发，承认个别差异，切实做到因材施教。

17. 答：对培训后的员工给予多种形式的激励，是企业的一种长期投资，这种投资使企业和员工获得了双赢，使员工的知识技能成为企业的无形资产。

18. 答：①了解企业发展动态；②确定培训目标；③制订培训计划；④制订教学大纲；⑤做好预算规划。

19. 答：①技术资料的准备；②工艺工件的准备；③机器设备的维修和调整；④物资材料的准备；⑤劳动力的准备。

20. 答：①根据生产作业计划的要求，检查生产准备工作情况；②根据生产计划的品种、数量和时间要求，组织好各生产阶段和工序的日常生产活动；③随时掌握生产进度，及时发现问题，采取有效措施；④掌握各物资的储备和配套情况，以防供需脱节；⑤合理利用设备，做好维护保养。

21. 答：机械产品一般是由各种形状的零件组合成部件，再由部件结合成产品。这种部件组合式结构造成了生产组织工作的复杂性，它有以下特点：①使用设备多，需要采用各种不同的机械加工设备；②协调配套生产工艺复杂；③装配组织形式多样；④检验、试验类型多。

22. 答：由于机械工业生产复杂，为了使生产获得良好的社会效益与经济效益，在生产调度时，有以下基本要求：①做到生产过程的连续性，使生产连续不断地处于运动之中，不应发生中断、停歇等现象；②做好生产过程的比例性，即在生产过程中经过合理调度，使生产工序之间的生产能力保持适当的、符合产品生产要求的比例关系，以保证生产能连续进行；③使生产过程具有节奏性，即要使各个生产阶段和各个工序之间能按照规定好的生产节奏进行生产，以保证均衡地完成生产任务；④使生产过程有平行性，由于机械产品是由各种零部件组合装配而成的，所以在组织生产时，为了缩短生产周期，可以把各零部件互不干扰地平行进行生产加工。

23. 答：根据产品的需求和产量，机械工业的生产组织体系有三种方式：

（1）连续生产方式　如果产品的需求量很大，同类零部件和产品的产量很大时，采用高效率的专用工具和专用设备以及流水线来组织生产。这种连续不断的生产方式可以收到效率高、大大降低生产成本的效果。

（2）小批量生产方式　如果用户对某种产品的需求量很少，就只能采用小批量生产方式。尽管这种方式生产效率低且成本高，但满足了社会的需求。

（3）批量生产方式　当产品品种较多，而每一种产品的产量又有一定的数量时，可以采用这种方式生产。在组织生产时，将其中一部分可适用于各种产品的相同零部件，集中为相对大的批量，从而可以采用生产线，甚至流水线的生产方式来组织生产；而对其中另一部分数量少的零部件，则采用小批量生产方式组织生产。

24. 答：主要做好日常生产的准备和日常生产的调度两项工作。

日常生产的准备工作的内容是：①技术资料的准备；②工艺工件的准备；③机器设备的检修和调整；④物资材料的准备；⑤劳动力的准备。

日常生产的调度工作的主要内容是：以生产作业计划为依据，合理组织日常生产活动，经常检查各生产环节执行计划的情况，及时发现和正确处理生产中发生的矛盾，使生产各环节能协调起来，确保生产作业计划的完成。

25. 答：全面质量管理是一种现代化的质量管理方法，它不仅对生产过程的制造质量进行管理和控制，而且对制造前的设计质量，以及对售中、售后的服务质量也要进行管理。这种管理有以下几个特点：

1）它十分重视建立一套完整的高效率的企业质量保证体系，可以使企业的生产处于严格有效的控制之下，保证生产的产品达到预期的质量要求。

2）它十分重视对产品质量形成的全过程进行管理。

3）它十分重视产品形成中各个环节的工作质量。

4）它十分重视产品质量形成过程中人的主观能动作用，并提出了“全面质量管理”的概念。

5）它十分重视质量成本分析工作，不是片面追求脱离实际的高质量，而力求在满足用户需求的前提下，以最小的成本来达到预期的质量。

26. 答：精益生产是以用户为上帝，以人为中心，以精简生产过程为手段，以产品的零缺陷为最终目的。同时它又是一种理念、一种文化，其最高境界是：精益求精，尽善尽美。

27. 答：生产均衡化是指：后工序在生产周期内向前工序提出的产品需求达到恒定，领取的频次等速，实现品种与数量的均衡；前工序按后工序的要求准时、匀速地生产产品，保证对后工序供应的准时化。

28. 答：JIT 的内涵是：品种配置上，保证品种的有效性，拒绝不需要的品种；数量配置上，保证数量的有效性，拒绝多余的数量；时间配置上，保证所需时间，拒绝不按时供应；质量配置上，保证产品质量，拒绝次品和废品。

29. 答：看板生产制也称为看板管理，即在木板或卡片上标明零件名称、数量和前后工序等事项，用以指导和制止过量生产，控制加工件的数量和流向。看板既是生产与物流搬运指示信息传递工具，又是控制在制品（物料）的管理与改善工具。

30. 答：精益生产的基础工具“5S”是指整理、整顿、清扫、清洁、素养。

31. 答：ERP 包括财务管理模块、生产控制管理模块、物流管理模块、人力资源管理模块。

32. 答：ISO 9001：2000 的五大模块是指质量管理体系、管理职责、资源管理、产品实现、质量分析和改进。

33. 答：机电一体化技术是机械、微电子、计算机和自动控制技术有机结合的一门交叉型复合技术。机电一体化产品的主要特征有三个：整体结构最佳化，系统控制智能化，操作性能柔性化。

34. 答：机电一体化的相关技术有：机械技术、传感器与检测技术、伺服传动技术、数字控制技术、自动控制技术、计算机与信息处理技术、系统技术。机械技术是机电一体化的基础，而系统技术是以整体的概念组织应用各相关技术，从全局角度和系统目标出发，将总体分解成相互有机联系的若干功能单元，以功能单元为子系统还可继续分解，直到能够找出一个可以实现的技术方案。其中接口技术是系统技术的一个重要方面，它是实现系统各部分有机连接的保证。

35. 答：组建机电一体化系统的常用的基本单元技术有：数控机床（NC）、柔性制造系统、工业机器人、自动运输系统、自动化仓库、计算机辅助设计/工艺/制造（CAD/CAPP/CAM）、仿真技术、成组技术（GT）和计算机数据库（DBS）等。

36. 答：国际电工委员会于1994年公布的《可编程序控制语言标准》中，规定了PLC的梯形图（LD）、顺序功能图（SFC）、功能块图（FBD）、指令语言（IL）和结构文本（ST）等5种语言的句法和语义。其中，梯形图、功能块图为图形语言；指令语言和结构文本为文字语言；顺序功能图为一种结构块控制流程图，又称状态转移图。

37. 答：超塑性材料有三种类型：精细超塑性、相变超塑性和第三类超塑性。超塑成形工艺一般有如下几种：气胀成形、超塑深拉延、超塑等温模锻、超塑成形/扩散焊接、超塑复合材料和超塑状态下切削加工等。

38. 答：目前常用的金属表面改性技术有：①激光表面改性技术，它又分为激光表面相变硬化、激光熔覆和激光表面合金化技术；②金属表面涂膜，如氟特加氟碳涂层技术。

39. 答：新型工程结构陶瓷主要有如下三种类型：

1）耐高温、高强度、耐磨损陶瓷，如切削工具陶瓷材料（氧化铝、氧化铝-碳化钛、氧化铝-碳化钨-铬等）、氮化物陶瓷和碳化硅高温高强度陶瓷。

2）耐高温、高强度、高韧性陶瓷，如氧化锆增韧陶瓷等。

3）耐高温、耐腐蚀的透明陶瓷，如全透明镁铝尖晶石陶瓷。

40. 答：复合材料按基本材料可分为树脂基复合材料、金属基复合材料和陶瓷基复合材料。

41. 答：直径处于1～103nm尺寸范围内的微颗粒材料称为超微颗粒材料，它具有表面效应、小尺寸效应和量子效应。由于这三大效应使超微颗粒具有特殊性质，如表面具有很高活性，特殊的光学和热学性质，甚至金属变成绝缘体等。